现代测量技术与测绘工程管理研究

陈业远　魏成银　冯军平◎著

吉林科学技术出版社

图书在版编目（CIP）数据

现代测量技术与测绘工程管理研究 / 陈业远，魏成银，冯军平著. -- 长春 : 吉林科学技术出版社，2023.6
ISBN 978-7-5744-0680-3

Ⅰ. ①现… Ⅱ. ①陈… ②魏… ③冯… Ⅲ. ①测量学一研究②工程测量一工程管理一研究 Ⅳ. ①P2②TB22

中国国家版本馆 CIP 数据核字(2023)第 136472 号

现代测量技术与测绘工程管理研究

著　陈业远　魏成银　冯军平
出版人　宛　霞
责任编辑　赵海娇
封面设计　金熙腾达
制　版　金熙腾达
幅面尺寸　185mm×260mm
开　本　16
字　数　286 千字
印　张　12.5
印　数　1–1500 册
版　次　2023年6月第1版
印　次　2024年2月第1次印刷

出　版　吉林科学技术出版社
发　行　吉林科学技术出版社
地　址　长春市福祉大路5788号
邮　编　130118
发行部电话/传真　0431-81629529 81629530 81629531
81629532 81629533 81629534
储运部电话　0431-86059116
编辑部电话　0431-81629518
印　刷　三河市嵩川印刷有限公司

书　号　ISBN 978-7-5744-0680-3
定　价　75.00元

前　言

随着建设工程规模的扩大、数量的增加，对现代建议工程提出了更高、更严格的质量要求。因此，在建设工程的前期必须做好测量工作，了解施工所在区域具体的地质、气候以及其他情况，以保障后续各项工作的顺利进行，保证设计方案的进一步优化、作业品质的有效提高。随着工程项目数量的日益增多，测绘工程的规模也不断扩大，并发挥着愈加重要的作用。实际测绘工作中，一些微小的数据偏差，都有可能造成严重后果。因而，测绘工程管理得到了社会各界的高度重视，不少测绘单位纷纷投入资金，完善机制，严把测绘工程管理。

本书是一本关于现代测量技术与测绘工程管理方面研究的著作。全书首先对测量技术的相关基础理论进行简要概述，介绍了现代测量工作、测量误差的基本认知、地形图的基本运用等；其次对几项基础测量技术进行梳理和分析，包括水准测量、角度测量、距离测量、直线定向及全站仪与GPS的使用等几个方面；最后在测绘工程管理方面进行探讨，涵盖了测绘管理的原理与基本方法、测绘工程的管理实践等内容。本书论述严谨，结构合理，条理清晰，能为现代测量技术与测绘工程管理相关理论的深入研究提供借鉴。

在本书的策划和写作过程中，曾参阅了国内外有关的大量文献和资料，从中得到启示；同时也得到了有关领导、同事、朋友及学生的大力支持与帮助。在此致以衷心的感谢。本书的选材和写作还有一些不尽如人意的地方，加上编者学识水平和时间所限，书中难免存在不足，敬请同行专家及读者指正，以便进一步完善提高。

作者

2023 年5月

目 录

第一章　测量技术的相关理论

第一节　测量技术基础知识

一、地球形状

测量工作是在地球的自然表面上进行的，而地球自然表面是极不平坦和不规则的，它有约占 71%面积的海洋，约占 29%面积的陆地，有高达 8 844. 43 m 的珠穆朗玛峰，也有深达 11 022 m 的马里亚纳海沟。这样的高低起伏，相对于地球庞大的体积来说还是很小的。因此，人们把海水面所包围的地球形体看作地球的形状。

由于地球的自转运动，地球上的任意点都要受到离心力和地心引力的双重作用，这两个力的合力称为重力，重力的方向线称为铅垂线，铅垂线是测量工作的基准线。静止的水面称为水准面，水准面是受地球重力影响而形成的，是一个处处与重力方向垂直的连续曲面，并且是一个重力场的等位面。与水准面相切的平面称为水平面，其水面可高可低，因此符合上述特点的水准面有无数多个，而其中与平均海水面吻合并向大陆、岛屿内延伸而形成的闭合曲面称为大地水准面，是测量工作的基准面。大地水准面所包围的地球形体称为大地体。

大地水准面是一个有起伏的不规则的曲面，这是由地球内部质量分布不均匀而使各点铅垂线方向产生不规则变化所致。因此，不可能用数学公式来表达大地水准面，也无法在这个面上进行测量的计算工作。通常用一个非常接近大地体的几何形体，即旋转椭球体作为测量计算的基准。该球体是以一个椭圆绕其短轴旋转而成。

二、地面点位置的确定

研究和确定地球形状和大小都需要测定地面点的位置，而地面点的位置是用三维坐标，也即由平面坐标和高程来表示的。由于地面是地球表面，故它不是平面，而应是球面，因而应采用能表示球面上点位置的坐标，测量上通常采用地理坐标和高程这类全球统一的坐标系统。若要在平面上表示地面点的位置，则用平面直角坐标和高程表示。那么这些坐标系统是怎样建立和确定的呢？现分别介绍如下。

（一）地面点在投影面上的坐标

1. 地理坐标系

（1）天文坐标系

研究大范围的地面形状和大小是将投影面作为球面。在图 1-1 中视地球为一球体，N 和 S 分别是地球的北极和南极，连接两极且通过地心 O 的线称为地轴。过地轴的平面称为子午面，过地心 O 且垂直于地轴的平面称为赤道面，它与球面的交线称为赤道。通过英国格林尼治天文台的子午线称为首子午线，而包括该子午线的子午面称为首子午面。地面上任一点 M 的地理坐标是以该点的经度和纬度来表示的。经度是从过该点的子午线与首子午面的夹角，以 λ 表示。从首子午线起向东 180°称东经，向西 180°称西经。M 点的纬度就是过该点的法线与赤道面的交角，以 φ 表示。从赤道向北由 0°~90°称北纬，向南称南纬。如北京某点的地理坐标为东经 116°28′，北纬 39°54′。经纬度是用天文测量方法测定的。

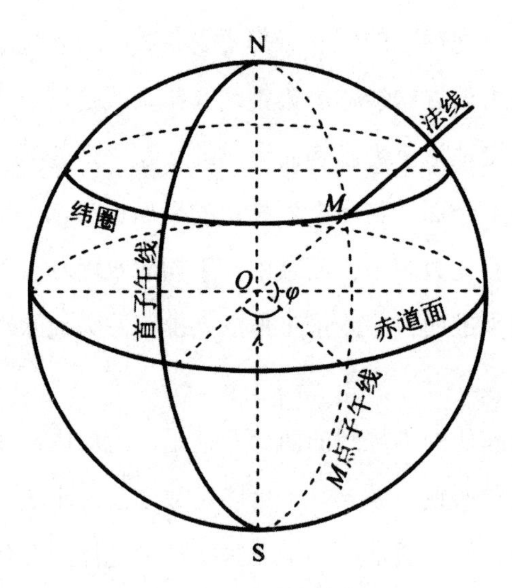

图 1-1　天文坐标系

（2）大地坐标系

大地坐标系是用大地经度 L 和大地纬度 B 来表示地面点在旋转椭球面上的位置，它的基准面和基准线分别是参考椭球面和其法线。如图 1-2 所示，F 点沿椭球面法线到椭球面

上的投影是 Q，$PQ=H$，称为 P 点的大地高程，L 和 B 是 P 点的大地经度和大地纬度。P 点的大地坐标（L，B，H）和地心空间直角坐标（X，Y，Z）之间存在着严密的数学关系，可以互相换算。

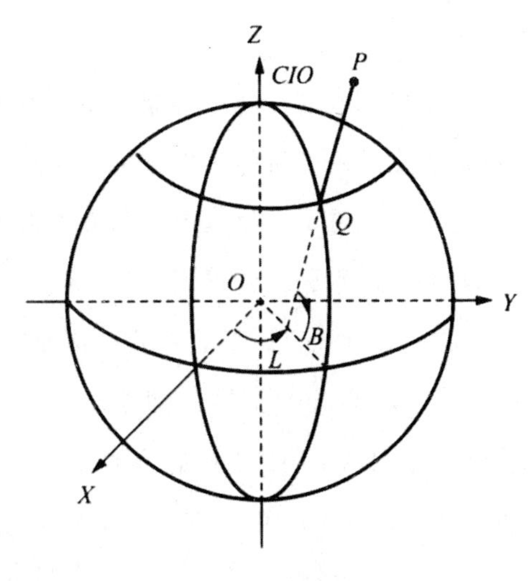

图 1-2　大地坐标系

天文坐标系和大地坐标系的不同点是各自所依据的基准面和基准线不同，前者是大地水准面和铅垂线，后者是旋转椭球面和法线。

2. 平面直角坐标系

测量小范围地区，可将该部分的球面视为水平面。在测区的西南设置一个原点 O，令通过原点 O 的南北线为纵坐标轴 X，向北为正；与 X 轴相垂直的东西方向线为横坐标轴 Y，向东为正。坐标轴将平面分为四个象限，其象限编号为顺时针方向编号。测量上使用的平面直角坐标与数学上常用的不同，这是因为测量工作中规定所有的直线方向都是以纵坐标轴北端顺时针方向量度的，这样的变换，既不改变数学公式，同时又便于测量中方向和坐标的计算。

3. 高斯平面直角坐标系

当测区范围较大时，须考虑地球曲率的影响，将椭球（或圆球）上的点位或图形投影到平面上，然后在平面上进行测量计算。而椭球面是不可展曲面，要把椭球面上的图形投影在平面上会产生变形，正如将橘子皮压平，它不是产生褶皱就是边缘破裂。为使其变形小于测量误差，测量工作中通常采用高斯投影方法。

高斯投影的方法是将地球划分为若干带，然后将每带投影到平面上。投影带是从首子午线起，每经差 6°划一带（称为六度带），自西向东将整个地球划分成经差相等的 60 个带。带号从首子午线起自西向东偏，用阿拉伯数字 1，2，3，…，60 表示。位于各带中央的子午线，称为该带的中央子午线。第一个六度带的中央子午线是东经 3°，任意带中央子午线经度 L_0 可按下式计算：

$$L_0 = 6n - 3$$

式中，n ——投影带的号数。

设想用一个平面卷成一个空心椭圆柱套在地球椭球外面，使椭圆柱的中心轴线位于赤道面内并且通过球心，使地球椭球上某六度带的中央子午线与椭圆柱相切，在椭球面上的图形与椭圆柱面上的图形保持等角的条件下，将整个六度带投影到椭圆柱面上。然后将椭圆柱沿着通过南北极的母线切开并展成平面，便得到六度带在平面上的投影。

中央子午线经投影展开后是一条直线，以此直线作为纵轴，即 X 轴；赤道投影后是一条与中央子午线相垂直的直线，将它作为横轴，即 Y 轴；两条直线的交点作为原点，则组成高斯平面直角坐标系统。纬圈 AB 和 CD 投影在高斯平面直角坐标系统内仍然为曲线。将投影后具有高斯平面直角坐标系的六度带一个个拼接起来，便得到图 1-3 所示的图形。

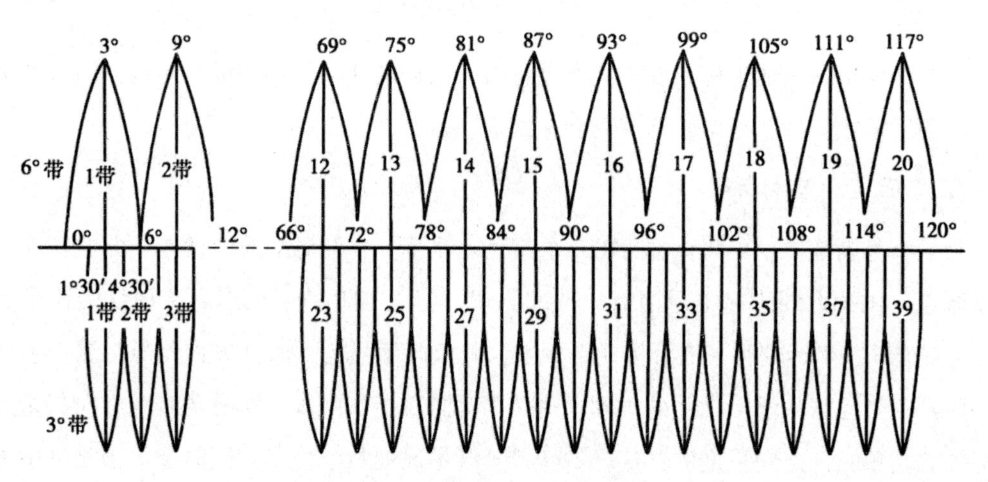

图 1-3　高斯 6°和 3°分带投影

当测区范围较大时，要建立平面坐标系，就不能忽略地球曲率的影响，为了解决球面与平面这对矛盾，则必须采用地图投影的方法，将球面上的大地坐标转换为平面直角坐标。目前，我国采用的是高斯投影，高斯投影是由德国数学家、测量学家高斯提出的一种横轴等角切椭圆柱投影，该投影解决了将椭球面转换为平面的问题。从几何意义上看，就是假设一个椭圆柱横套在地球椭球体外，并与椭球面上的某一条子午线相切，这条相切的子午线称为中央子午线。假想在椭球体中心放置一个光源，通过光线将椭球面上一定范围内的物象映射到椭圆柱的内表面上，然后将椭圆柱面沿一条母线剪开并展开成平面，即获得投影后的平面图形，如图 1-4 所示。

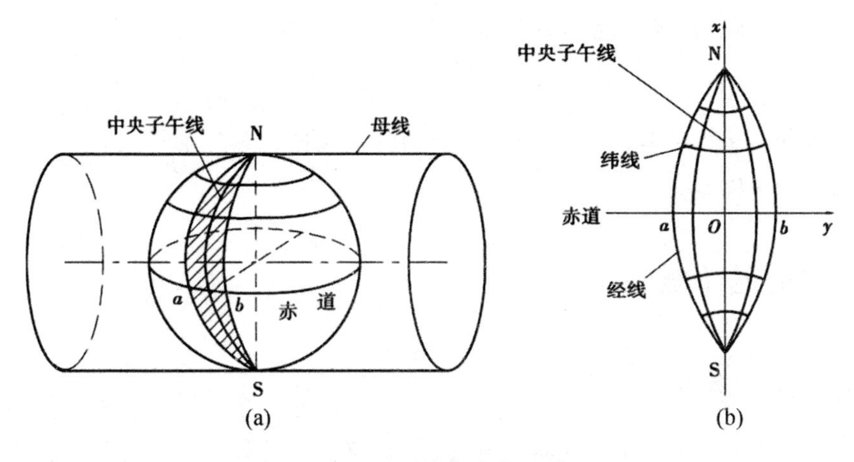

图 1-4　高斯投影概念

当测绘大比例尺地形图要求投影变形更小时，可采用 3° 分带投影法。它是从东经 1°30′开始，每隔 3°划分一带，将整个地球划分为 120 个带，任意带中央子午线经度，可按下式计算：

$$L'_0 = 3n'$$

式中，n'——三度带带号。

（二）地面点的高程

地理坐标或平面直角坐标只能反映地面点在参考椭球面上或某一投影面上的位置，并不反映其高低起伏的差别。为此，须建立一个统一的高程系统。

首先要选择一个基准面，在一般测量工作中都以大地水准面作为基准面。因而地面上某一点到大地水准面的铅垂距离称为该点的绝对高程或海拔，又称绝对高度、真高，简称高程，用 H 表示。当测区附近暂没有国家高程点可联测时，可临时假定一个水准面作为该测区的高程起算面。到任一假定水准面的垂直距离称为该点的假定高程或相对高程，用 H' 表示。如图 1-5 所示。

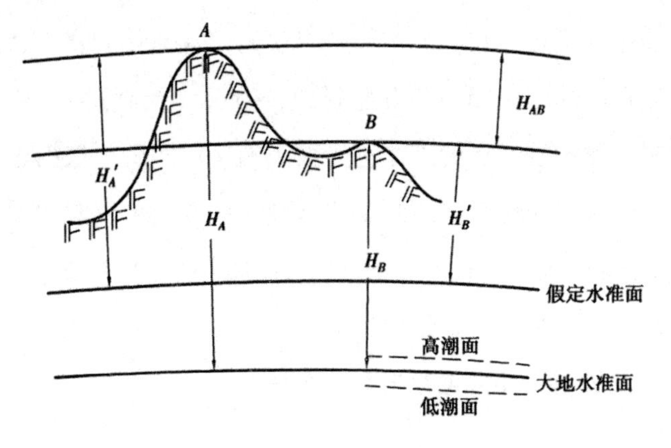

图 1-5　地面点的高层

地面上两点之间的高程之差称为高差，用 h 表示。例如，A 点至 B 点的高差可写为：

$$h_{AB} = H_B - H_A = H'_B - H'_A$$

由上式可知，高差有正、有负，并用下标注明其方向。在土木建筑工程中，又将绝对高程和相对高程统称为标高。

三、测量工作概述

（一）测量的基本工作

测量工作的主要任务是确定地面点与点之间的平面和高程位置的关系，也可将其分成测定和测设两大部分。测定是将地物和地貌按一定的比例尺缩小绘制成地形图；测设是将图纸上设计好的建筑物和构筑物的位置在实地标定出来。

测区内有耕地、房屋、河流、道路等，测绘地形图的过程是先测量出这些地物、地貌特征点的坐标，然后按一定的比例尺、规定的符号缩小展绘在图纸上。在测量工作中，确定地面点的平面位置可通过测定水平角和水平距离来实现。另外，通过高差测量可确定点的高程。因此，水平角、水平距离和高差是确定地面点位置关系的三个基本几何要素。

综上所述，高差测量、水平角测量、水平距离测量是测量工作的基本内容。

（二）测量的基本原则

地表形态和建筑物形状是由许多特征点决定的，在进行测量时就需要测定（或测设）许多特征点（也称碎部点）的平面位置或高程。如果从一个特征点开始逐点进行施测，虽可得到欲测各点的位置，但由于测量工作中存在不可避免的误差，会导致前一点的测量误差传递到下一点，这样累积起来，最后可能使点位误差达到不可容许的程度。因此，测量工作必须按照一定的原则进行。在实际工作中应遵循“从整体到局部、先控制后碎部”的基本原则，也就是先在测区内选择一些有控制意义的点（控制点），把它们的平面位置和高程精确地测定出来，测定控制点的工作称为控制测量；然后再根据这些控制点测出附近其他碎部点的位置，这项工作称为碎步测量。这种测量方法可以减少误差累积，而且可以同时在几个控制点上进行测量，加快工作进度。此外，测量工作必须重视检核，防止发生错误，避免错误的结果对后续测量工作产生影响。因此“前一步测量工作未做检核，不进行下一步测量工作”是测量工作应遵循的又一个原则。

第二节　测量误差基本认知

一、概述

（一）测量误差的概念

当对一个未知量，如某个角度、某两点间的距离或高差等进行多次重复观测时，每次所得到的结果往往并不完全一致，并且与其真实值也往往有差异。这种差异实质上是观测值与真实值（简称真值）之间的差异，称为测量误差或者观测误差，亦称为真误差。

设观测值为 $L_i(i=1，2，\cdots，n)$，其真值为 X，则测量误差 Δ_i 的数学表达式为：

$$\Delta_i = L_i - X \quad (i=1，2，\cdots，n)$$

通常情况下，每次观测都会有观测误差存在。例如，在水准测量中，闭合路线的高差理论上应该等于零，但实际观测值的闭合差往往不为零；观测某一平面三角形的三个内角，所得观测值之和常常不等于理论值 180°。这些现象表明了观测值中不可避免地存在测量误差。

（二）测量误差的来源

测量工作是观测者使用某种测量仪器或工具，在一定的外界条件下进行的观测活动。因此，测量误差的来源主要有以下三个方面：①仪器误差。由于仪器、工具构造上有一定的缺陷，而且仪器、工具本身精密度也有一定的限制，使用这些仪器进行测量也就给观测结果带来误差。例如，经纬仪的视准轴不垂直于横轴、横轴不垂直于竖轴等。②观测误差。主要体现在仪器的对中、照准、读数等几个方面。这是由观测者测量技术水平或者感官能力的局限而产生的。③外界环境的影响。在观测工程中，不断变化的温度、湿度、风力、可见度、大气折光等外界因素给测量带来的误差。

大量的实践证明，测量误差主要是上述三方面因素的影响而造成的。因此，通常把仪器、观测者和外界环境合称为观测条件。

在实际工作中，根据不同的测量目的和要求，允许在测量结果中含有一定程度的测量误差，但必须设法将误差限制在满足测量目的和要求的范围之内。

（三）测量误差的分类

根据性质的不同，测量误差可以分为系统误差、偶然误差和粗差三大类。

1. 系统误差

在一定的观测条件下对某量进行一系列观测，若测量误差的符号和大小保持不变，或按照一定的规律变化，则这种误差称为系统误差。例如，用名义长度为30 m，而检定长度为30.008 m的钢尺进行量距而产生的影响；地球曲率和大气折光对高程测量的影响等均属于系统误差。

由于系统误差具有符号和大小保持不变或者按一定的规律变化的特性，因此，在观测成果中的影响具有累积性，对观测结果的危害性很大。所以在测量工作中，应尽量设法减弱或消除系统误差的影响。系统误差可以通过下列三种有效的方法进行处理：①按要求严格检校仪器，将因仪器而产生的系统误差控制在允许范围内。②在观测方法和观测程序上采取必要的措施，限制或削弱系统误差影响。如水准测量中的前、后视距尽量保持相等，角度测量中采用盘左、盘右进行观测等。③利用计算公式对观测值进行必要的改正。如在距离丈量中，对观测值进行尺长、温度和倾斜三项改正等。

2. 偶然误差

在一定的观测条件下进行一系列的观测，如果误差的大小和符号都表现出随机性，这样的误差称为偶然误差。表面上看来，偶然误差没有一定的规律可遵循，但当对大量的偶然误差进行统计分析时，就能发现其规律性。并且，随着偶然误差个数的增加，其规律性也就越明显。

偶然误差是由于观测者的感观能力和仪器性能受到一定的限制，以及观测时不断变化的外界条件的影响等原因造成的。例如，普通水准测量时，水准尺毫米数值的估读误差；角度测量时，用经纬仪瞄准目标的照准误差；忽大忽小变化的风力对仪器、立尺的影响等。

3. 粗差

粗差属于一种大量级的测量误差，在一些教材上亦称之为错误。在测量成果中，是不允许有粗差存在的，一旦发现粗差的存在，该观测值必须剔除并重新测量。

粗差产生的原因较多，但往往与测量失误有关。例如，测量数据的误读、记录人员的误记、找准错误的目标、对中操作产生较大的目标偏离等。

在实际测量中，只要严格遵守相关测量规范，粗差是可以被发现并剔除的，系统误差也可以被改正，而偶然误差却是不可避免的，并且很难完全消除。因此，在消除或大大削弱了粗差和系统误差的观测值误差后，偶然误差就占据了主导地位，其大小将直接影响测量成果的质量。因此，了解和掌握其统计规律，对提高测量精度是很有必要的。

二、偶然误差的基本特性

在观测结果中主要存在偶然误差，为了研究观测结果的质量，就必须进一步研究偶然误差的性质。下面通过一个例子来对偶然误差进行统计分析，并总结其基本特性。

在相同的观测条件下，独立地对 217 个平面三角形的三个内角进行了观测。平面三角形三个内角之和的真值应该等于 180°，但由于观测值含有误差，往往不等于真值。为研究方便，假设已经通过采取措施和加改正等方法消除了粗差和系统误差，因此，观测值的真误差主要是偶然误差。各三角形内角和的真误差为：

$$\Delta_i = L_i - 180° \quad (i = 1, 2, \cdots, n)$$

式中，Δ_i ——每个三角形内角和的真误差。

L_i ——每个三角形三个内角观测值之和。

可计算出 217 个三角形内角观测值之和的真误差，将真误差按照误差区间 $d_\Delta = 3''$ 进行归类，统计出在各区间内的正、负误差的个数，并计算出 k/n（n 为观测值总数，$n = 217$），k/n 即为误差在该区间的频率；然后列成误差频率分布表。

为了充分反映误差分布的情况，可以用直方图来表示。以 Δ 为横坐标，以频率 k/n 与区间 d_Δ 的比值 $k/(n \cdot d_\Delta)$ 为纵坐标，绘制如图 1-6 所示的频率直方图。

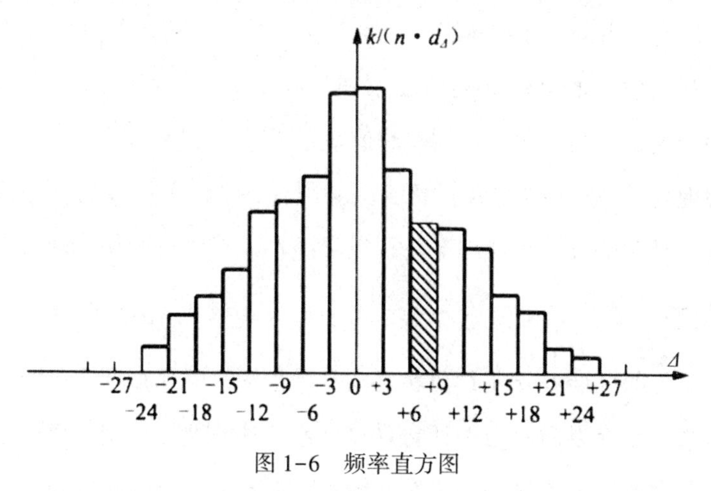

图 1-6　频率直方图

可以设想，如果对三角形做更多次的观测，即 $n \to \infty$，同时将误差区间 d_Δ 无限缩小，那么图 1-6 中的细长状矩形的顶边所形成的折线将变成一条光滑的曲线，称为误差分布曲线。在概率论中，这条曲线又称为正态分布曲线（或高斯曲线），其概率密度函数为：

$$f(\Delta) = \frac{1}{\sqrt{2\pi}\sigma} \cdot e^{-\frac{\Delta^2}{2\sigma^2}}$$

式中，e ——自然对数的底。

σ ——误差分布的标准差。

可以总结出偶然误差具有以下特性：①有界性：在一定观测条件下的观测中，偶然误差的绝对值不会超过一定的限值。②对称性：绝对值相等的正、负误差出现的概率相同。③趋向性：绝对值较小的误差比绝对值较大的误差出现的概率高。④抵偿性：当观测次数无限增多时，偶然误差的算术平均值趋近于零，即

$$\lim_{n \to \infty} \frac{\Delta_1 + \Delta_2 + \cdots + \Delta_n}{n} = \lim_{n \to \infty} \frac{[\Delta]}{n} = 0$$

式中，[ ] ——高斯求和符号，即 $[\Delta] = \sum \Delta_i$ 。

n ——观测值的个数。

三、衡量观测值精度的指标

精度是指在一定的观测条件下，对某个量进行观测，其误差分布的密集或离散的程度。

由于精度是表征误差的特征，而观测条件又是造成误差的主要来源。因此，在相同的观测条件下进行的一组观测，尽管每一个观测值的真误差不一定相等，但它们都对应着同一个误差分布，即对应着同一个标准差。因此，可以称这组观测为等精度观测，所得到的观测值为等精度观测值。如果仪器的精度不同，或观测方法不同，或外界条件的变化较大，这就属于不等精度观测，所对应的观测值就是不等精度观测值。

为了更方便地衡量观测结果精度的优劣，必须有一个评定精度的统一数字指标，而中误差、平均误差、相对中误差和容许误差（极限误差）是测量工作中最常用的衡量指标。

（一）中误差

误差分布曲线中的标准差 σ 是衡量精度的一个指标，但那是理论上的表达式。在测量实践中，观测次数总是有限的。为了评定精度，引入中误差 m ，它其实是标准差 σ 的一个估值。随着观测次数 n 的增加，m 将趋近于标准差 σ 。中误差 m 的表达式为：

$$m = \pm \sqrt{\frac{[\Delta\Delta]}{n}}$$

中误差 m 和标准差 σ 的区别在于观测次数 n 上。标准差 σ 表征了一组等精度观测在 $n \to \infty$ 时误差分布的扩散特征，即理论上的观测精度指标，而中误差 m 则是一组等精度观测在 n 为有限次数时的观测精度指标。

中误差 m 不同于各个观测值的真误差 Δ_i，它反映的是一组观测精度的整体指标，而真误差 Δ_i 是描述每个观测值误差的个体指标。在一组等精度观测中，各观测值具有相同的中误差，但各个观测值的真误差往往不等于中误差，且彼此也不一定相等，有时差别还比较大，这是由于真误差具有偶然误差特性的缘故。

和标准差一样，中误差的大小也反映出一组观测值误差的离散程度。中误差 Δ_i 越小，表明该组观测值误差的分布越密集，各观测值之间的整体差异也越小，这组观测的精度就越高；反之，该组观测的精度就越低。

（二）平均误差

在测量工作中，有时为了计算简便，采用平均误差 θ 这个指标。平均误差就是在一组等精度观测中，各误差绝对值的平均值。其表达式为：

$$\theta = \pm \frac{[|\Delta|]}{n}$$

式中，$[|\Delta|]$ ——误差绝对值的总和。

需要说明的是，平均误差虽然计算简便，但在评定误差分布上，其可靠性不如中误差准确。因此，我国的有关规范均统一采用中误差作为衡量精度的指标。

（三）相对中误差

中误差和真误差都属于绝对误差。在实际测量中，有时依据绝对误差还不能完全反映出误差分布的全部特征，这在量距工作中特别明显。例如，分别丈量长度为 500 m 和 100 m 的两段距离，中误差均为±0. 02 m，显然就不能认为这两组的测量精度相等。因为在量距工作中，误差的分布特征除了和中误差有关系外，还与距离的长短有关系。因此，在计算精度指标时，还应该考虑距离长短的影响因素，这就引出相对误差的概念。如果相对误差由中误差求得，则称为相对中误差。

相对中误差 K 是中误差的绝对值与相应观测值的比值，是一个无量纲的相对值，通常用分子为 1，分母为整数的分数形式来表述。其表达式为：

$$K = \frac{|m|}{D} = \frac{1}{D/|m|}$$

式中，D ——量距的观测值。

利用上式得出上述两组距离测量的相对中误差分别为：

$$K_1 = \frac{|m_1|}{D_1} = \frac{0.02}{500} = \frac{1}{25\,000}$$

$$K_2=\frac{|m_2|}{D_2}=\frac{0.02}{100}=\frac{1}{5\ 000}$$

由于第一组的相对中误差比较小，因此，第一组的精度较高。

在距离测量中，由于不知道其真值，不能直接运用式 $K=\frac{|m|}{D}=\frac{1}{D/|m|}$，常采用往、返观测值的相对较差来进行校核。相对较差的表达式为：

$$\frac{|D_{往}-D_{返}|}{D_{平均}}=\frac{\Delta D}{D_{平均}}=\frac{1}{D_{平均}/\Delta D}$$

从表达式可以看出，相对较差实质上是相对真误差，它反映了该次往、返观测值的误差情况。显然，相对较差越小，观测结果越可靠。

还有一点值得注意的是，经纬仪观测角度时，只能用中误差而不能用相对误差作为精度的衡量指标，因为，测角误差与角度的大小是没有关系的。

(四) 极限误差和容许误差

由偶然误差的特性可知，在一定的观测条件下，误差的绝对值不会超过某一限值，这个限值就称为极限误差。根据误差理论和大量的实践证明，在一组等精度观测中，从统计意义上来说，偶然误差的概率值与区间的大小有一定的联系：

$$P\{-\sigma<\Delta<+\sigma\}=\int_{-\sigma}^{+\sigma}f(\Delta)\mathrm{d}\Delta=\int_{-\sigma}^{+\sigma}\frac{1}{\sigma\sqrt{2\pi}}\mathrm{e}^{-\frac{\Delta^2}{2\sigma^2}}=0.683$$

$$P\{-2\sigma<\Delta<+2\sigma\}=\int_{-2\sigma}^{+2\sigma}f(\Delta)\mathrm{d}\Delta=\int_{-2\sigma}^{+2\sigma}\frac{1}{\sigma\sqrt{2\pi}}\mathrm{e}^{-\frac{\Delta^2}{2\sigma^2}}=0.955$$

$$P\{-3\sigma<\Delta<+3\sigma\}=\int_{-3\sigma}^{+3\sigma}f(\Delta)\mathrm{d}\Delta=\int_{-3\sigma}^{+3\sigma}\frac{1}{\sigma\sqrt{2\pi}}\mathrm{e}^{-\frac{\Delta^2}{2\sigma^2}}=0.997$$

上述诸式说明，在一定的观测条件下，绝对值大于 1 倍标准差 $\pm\sigma$ 的偶然误差出现的概率为 32%，大于 2 倍标准差 $\pm 2\sigma$ 的偶然误差出现的概率为 4.5%，大于 3 倍标准差 $\pm 3\sigma$ 的偶然误差出现的概率只有 0.3%，而 0.3%的概率事件可以认为已经接近于零事件。因此，通常将三倍标准差 3σ 作为偶然误差的极限误差。

而在实际测量工作中，由于对误差控制的要求不尽相同，某些时候要求较高，某些时候要求较低。因此，常将中误差的 2 倍或者 3 倍作为偶然误差的容许值，称为容许误差。即

$$|\Delta_{容}|=2|m| \text{ 或 } |\Delta_{容}|=3|m|$$

前者要求比较严格，后者要求相对宽松。如果观测值中出现有大于容许误差的观测值误差，则认为该观测值不可靠，应舍弃不用，并重新测量。

四、误差传播定律

（一）误差传播定律概念

在实际测量工作中，有些量往往是不能直接观测得到的，须借助其他的观测量按照一定的函数关系间接计算而得。由于直接观测的量含有误差，因而它的函数亦必然存在误差。阐述各观测量的中误差与其函数的中误差之间关系的定律，称为误差传播定律。

（二）误差传播定律一般公式推导

设 Z 是独立观测量 x_1，x_2，…，x_n 的一般函数，即

$$Z = f(x_1,\ x_2,\ \cdots,\ x_n)$$

其中函数 Z 的中误差为 m_z，各独立观测量 x_1，x_2，…，x_n 的中误差分别为 m_1，m_2，…，m_n。设 l_i 为各独立观测量 x_i 相应的观测值，Δ_i 为各观测值 l_i 的偶然误差，那么上式则有：

$$Z = f(l_1 - \Delta_1,\ l_2 - \Delta_2,\ \cdots,\ l_n - \Delta_n)$$

用泰勒级数展开并保留一次项成线性函数的形式，则可整理为：

$$Z = f(l_1,\ l_2,\ \cdots,\ l_n) - \left(\frac{\partial f}{\partial x_1}\Delta_1 + \frac{\partial f}{\partial x_2}\Delta_2 + \cdots + \frac{\partial f}{\partial x_n}\Delta_n\right)$$

等式的右边第二项就是函数 Z 的误差 Δ_Z 的表达式，即

$$\Delta_z = \frac{\partial f}{\partial x_1}\Delta_1 + \frac{\partial f}{\partial x_2}\Delta_2 + \cdots + \frac{\partial f}{\partial x_n}\Delta_n$$

上式就是观测值真误差与其函数真误差之间的关系。设各独立观测量 x_i 观测了 k 次，则函数的误差 Δ_z 的 k 次平方和展开式为：

$$\sum_{j=1}^{k}\Delta_Z^2 = \left(\frac{\partial f}{\partial x_1}\right)^2\sum_{j=1}^{k}\Delta_{1j}^2 + \left(\frac{\partial f}{\partial x_2}\right)^2\sum_{j=1}^{k}\Delta_{2j}^2 + \cdots + \left(\frac{\partial f}{\partial x_n}\right)^2\sum_{j=1}^{k}\Delta_{nj}^2 +$$

$$2\frac{\partial f}{\partial x_1}\cdot\frac{\partial f}{\partial x_2}\sum_{j=1}^{k}\Delta_{1j}\Delta_{2j} + 2\frac{\partial f}{\partial x_1}\cdot\frac{\partial f}{\partial x_3}\sum_{j=1}^{k}\Delta_{1j}\Delta_{3j} + \cdots$$

因为 Δ_i，$\Delta_j (i \neq j)$ 均为独立观测值的偶然误差，其乘积也必然具有偶然误差的特性。因此，根据偶然误差特性，有：

$$\lim_{k\to\infty}\frac{\sum\Delta_i\Delta_j}{k} = 0 \quad (i \neq j)$$

所以当观测次数 k 足够多时，函数的误差 Δ_z 的 k 次平方和展开式可以简写成：

$$\sum_{j=1}^{k}\Delta_{Z}^{2}n=\left(\frac{\partial f}{\partial x_{1}}\right)^{2}\sum_{j=1}^{k}\Delta_{1j}^{2}+\left(\frac{\partial f}{\partial x_{2}}\right)^{2}\sum_{j=1}^{k}\Delta_{2j}^{2}+\cdots+\left(\frac{\partial f}{\partial x_{n}}\right)^{2}\sum_{j=1}^{k}\Delta_{nj}^{2}$$

根据中误差的定义，有：

$$\sum_{j=1}^{k}\Delta_{Zj}^{2}=km_{Z}^{2}$$

$$\sum_{j=1}^{k}\Delta_{ij}^{2}=km_{i}^{2}$$

上式中 $i=1, 2, \cdots, n$。将式 $\sum_{j=1}^{k}\Delta_{Zj}^{2}=km_{Z}^{2}$ 和式 $\sum_{j=1}^{k}\Delta_{ij}^{2}=km_{i}^{2}$ 代入式 $\sum_{j=1}^{k}\Delta_{Z}^{2}n=\left(\frac{\partial f}{\partial x_{1}}\right)^{2}\sum_{j=1}^{k}\Delta_{1j}^{2}+\left(\frac{\partial f}{\partial x_{2}}\right)^{2}\sum_{j=1}^{k}\Delta_{2j}^{2}+\cdots+\left(\frac{\partial f}{\partial x_{n}}\right)^{2}\sum_{j=1}^{k}\Delta_{nj}^{2}$，可得：

$$m_{Z}^{2}=\left(\frac{\partial f}{\partial x_{1}}\right)^{2}m_{1}^{2}+\left(\frac{\partial f}{\partial x_{2}}\right)^{2}m_{2}^{2}+\cdots+\left(\frac{\partial f}{\partial x_{n}}\right)^{2}m_{n}^{2}$$

则：

$$m_{Z}=\pm\sqrt{\left(\frac{\partial f}{\partial x_{1}}\right)^{2}m_{1}^{2}+\left(\frac{\partial f}{\partial x_{2}}\right)^{2}m_{2}^{2}+\cdots+\left(\frac{\partial f}{\partial x_{n}}\right)^{2}m_{n}^{2}}$$

上式就是一般函数的误差传播定律的表达式，若将式 $m=\pm\sqrt{\frac{[\Delta\Delta]}{n}}$ 中的 Δ 用 d 替换，很显然，这是一个函数的全微分表达式。而上式中只用到了全微分表达式的系数，故利用误差传播定律求函数中误差时，只须对函数求全微分即可。

（三）常见函数的误差传播公式

利用式 $m_{Z}=\pm\sqrt{\left(\frac{\partial f}{\partial x_{1}}\right)^{2}m_{1}^{2}+\left(\frac{\partial f}{\partial x_{2}}\right)^{2}m_{2}^{2}+\cdots+\left(\frac{\partial f}{\partial x_{n}}\right)^{2}m_{n}^{2}}$ 可以推导出一些典型函数的误差传播定律。常见函数的计算公式见表 1-1。

表 1-1　常见函数的误差传播公式

函数名称	函数关系式	中误差传播公式
和差函数	$Z=x_{1}\pm x_{2}$	$m_{Z}=\pm\sqrt{m_{1}^{2}+m_{2}^{2}}$
	$Z=x_{1}\pm x_{2}\pm\cdots\pm x_{n}$	$m_{Z}=\pm\sqrt{m_{1}^{2}+m_{2}^{2}+\cdots+m_{n}^{2}}$
倍数函数	$Z=Cx$（C 为常数）	$m_{Z}=\pm Cm$
线性函数	$Z=k_{1}x_{1}\pm k_{2}x_{2}\pm\cdots\pm k_{n}x_{n}$	$m_{Z}=\pm\sqrt{k_{1}^{2}m_{1}^{2}+k_{2}^{2}m_{2}^{2}+\cdots+k_{n}^{2}m_{n}^{2}}$

例：在视距测量中，当视线水平时读得的视距间隔 $l=1.35\text{m}\pm1.2\text{mm}$，试求水平距离 D 及其中误差 m_{D}。

解：视线水平时，水平距离 D 为：

$$D = kl = 100 \times 1.35 = 135.00(\text{m})$$

根据误差传播定律的倍数关系式，可求得 m_D 为：

$$m_D = 100m_l = \pm 100 \times 1.2 = \pm 120(\text{mm}) = \pm 0.12(\text{m})$$

水平距离的最终结果可以写成：$D = 135.00\text{m} \pm 0.12\text{m}$。

例：设对某三角形观测了其中 a，b 两个角，测角中误差分别为 $m_a = \pm 4.3''$，$m_b = \pm 5.4''$，试计算第三角 c 的中误差 m_c。

解：由三角形内角和为 180°，有 $c = 180° - a - b$，再根据和差函数的误差传播定律公式有：

$$m_c = \pm\sqrt{m_a^2 + m_b^2} = \pm\sqrt{4.3^2 + 5.4^2} = \pm 6.9''$$

这就是按照三角形闭合差计算观测角中误差的菲列罗公式，它广泛应用于三角形评定测角精度。

（四）误差传播定律在测量中的应用示例

误差传播定律在测绘领域的应用十分广泛，不仅可以求得观测值函数的中误差，还可以研究确定容许误差，或事先分析观测可能达到的精度等。

应用误差传播定律时，首先应根据问题的性质，列出正确的观测值函数关系式，再利用误差传播公式求解。下面举例说明其应用。

1. DS3 型水准仪进行普通水准测量，路线高差闭合差的依据

（1）水准尺的读数中误差

影响水准尺读数的主要误差有整平误差、照准误差及估读误差。在 DS3 型水准仪观测时，视距为 100 m，整平误差 $m_{平}$ 为±0.73 mm，照准误差 $m_{照}$ 为±1.16 mm，估读误差 $m_{估}$ 为±1.5 mm，综合可得一个读数的中误差 $m_{读}$ 为：

$$m_{读} = \pm\sqrt{m_{平}^2 + m_{照}^2 + m_{估}^2} = \pm\sqrt{0.73^2 + 1.16^2 + 1.5^2} = \pm 2.0(\text{mm})$$

（2）测站的高差中误差

测站高差等于后视尺与前视尺读数之差（$h = a - b$），属于和差函数，即有：

$$m_{站} = \pm\sqrt{m_{读}^2 + m_{估}^2} = \pm\sqrt{2} \times 2.0 \approx \pm 3.0(\text{mm})$$

（3）路线的高差中误差

设一条水准路线总含有 n 个测站，总高差为 $h = h_1 + h_2 + \cdots + h_n$，亦属和差函数，所以测站均可视为等精度观测，测站高差中误差均为 m_h，即有：

$$m_h = \pm\sqrt{m_{h_1}^2 + m_{h_2}^2 + \cdots + m_{h_n}^2} = \pm\sqrt{n} \times m_{站}$$

将 $m_{站} = \pm 3.0\text{mm}$ 代入，可得：

$$m_h = \pm 3.0\sqrt{n}$$

（4）路线高差的容许误差

同时，考虑其他因素影响，以约 4 倍中误差取整作为容许误差。如果是山地，有：

$$\Delta h_{容} = \pm 4 \times 3.0\sqrt{n} = \pm 12\sqrt{n}$$

如果是平地，按 1 km 约 10 个测站计，以（10×总长的千米数 L）代替测站数 n：

$$\Delta h_{容} = \pm 4 \times 3.0\sqrt{10 \cdot L}\text{mm} \approx \pm 40\sqrt{L}$$

以上即为规范规定用 DS3 型水准仪进行普通水准测量时，路线高差闭合差限差的依据。

2. DJ6 型经纬仪水平角，上、下半测回差限差的依据

（1）半测回方向中误差

由经纬仪型号可知，DJ6 测量水平角的测回方向中误差为 $m_{回方} = \pm 6''$，而一个测回方向值是上、下两个半测回方向值（相当于两个方向读数）的平均值，它们的中误差关系式为 $m_{回方} = \pm \frac{1}{\sqrt{2}} m_{半方}$，即 $6'' = \pm \frac{1}{\sqrt{2}} m_{半方}$，所以半测回方向中误差为：

$$m_{半方} = \pm 6''\sqrt{2} = \pm 8.5''$$

（2）半测回角值中误差

半测回角值等于两个半测回方向值之差，所以半测回角值与半测回方向值的中误差关系式为 $m_{半\beta} = \pm\sqrt{2} \cdot m_{半方}$，即有：

$$m_{半\beta} = \pm\sqrt{2} \cdot 8.5'' = \pm 12.0''$$

（3）上、下半测回角值之差的中误差

上、下半测回角值之差 $\Delta\beta = \beta_{上} - \beta_{下}$，所以其中误差关系式为 $m_{\Delta\beta} = \pm\sqrt{2} \cdot m_{半\beta}$，即有：

$$m_{\Delta\beta} = \pm\sqrt{2} \cdot 12.0'' = \pm 17.0''$$

3. 上、下半测回角值之差的容许误差

以约 2.4 倍误差取整，即得上、下半测回角值差 $\Delta\beta$ 的容许误差为：

$$\Delta\beta_{容} = \pm 2.4 \times 17.0'' \approx \pm 40.0''$$

以上即为规范规定用 DJ6 型经纬仪测量水平角时，上、下半测回角值之差限差的依据。

五、同精度直接观测值的中误差

在实际测量工作中，为了提高测量成果的精度，同时也为了发现和消除粗差和系统误差，往往会对某个未知量进行重复观测。重复测量形成了多余观测，由于观测值必然含有误差，这就使观测值之间产生了矛盾。为了消除这种矛盾，必须依据一定的数据处理准则和适当的计算方法对观测值进行合理的调整和改正，从而得到未知量的最佳结果，同时对观测质量进行评定。

（一）算术平均值及其中误差

设对某未知量进行了 n 次等精度观测，其观测值分别为 L_1，L_2，…，L_n，则算术平均值 x 为：

$$x = \frac{L_1 + L_2 + \cdots + L_n}{n} = \frac{[L]}{n}$$

对于等精度直接观测值，观测值的算术平均值是最接近于未知量真值的一个估值，称为最或然值或最可靠值。下面用偶然误差的统计特性来证明这一结论。

设观测值的真值为 X，则观测值的真误差为：

$$\Delta_i = L_i - X \quad (i = 1,\ 2,\ \cdots,\ n)$$

将各式两端相加，并除以 n，得：

$$\frac{[\Delta]}{n} = \frac{[L]}{n} - X$$

将式 $x = \frac{L_1 + L_2 + \cdots + L_n}{n} = \frac{[L]}{n}$ 代入上式，并整理得：

$$x = X + \frac{[\Delta]}{n}$$

根据偶然误差特性，当观测次数 n 无限增大时，有：

$$\lim_{n \to \infty} \frac{[\Delta]}{n} = 0$$

可以得出：

$$\lim_{n \to \infty} x = X$$

由此可以得到观测值的算术平均值是最接近于未知量真值 X 的一个估值。

在实际测量中，观测次数总是有限的，所以算术平均值只是趋近于真值，但不能视为等同于未知量的真值。此外，在数据处理时，不论观测次数的多少，均以算术平均值 x 作为未知量的最或然值，这是误差理论中的一个公理。这种只有一个未知量的平差问题，在传统的平差计算中称为直接平差。

下面推导算术平均值的中误差公式。

由式 $x = \frac{L_1 + L_2 + \cdots + L_n}{n} = \frac{[L]}{n}$ 可知：

$$x = \frac{L_1}{n} + \frac{L_2}{n} + \cdots + \frac{L_n}{n}$$

式中，$\frac{1}{n}$——常数。

由于各独立观测值的精度相同，设其中误差均为 m。现以 m_x 表示算术平均值的中误差，则由式 $m_Z = \pm \sqrt{\left(\frac{\partial f}{\partial x_1}\right)^2 m_1^2 + \left(\frac{\partial f}{\partial x_2}\right)^2 m_2^2 + \cdots + \left(\frac{\partial f}{\partial x_n}\right)^2 m_n^2}$ 可得算术平均值的中误差为：

$$m_x^2 = \frac{m^2}{n^2} + \frac{m^2}{n^2} + \cdots + \frac{m^2}{n^2} = \frac{m^2}{n}$$

故

$$m_x = \frac{1}{\sqrt{n}} m$$

由上式可知，算术平均值的中误差为观测值的中误差的 $\frac{1}{\sqrt{n}}$ 倍。那么是不是随意增加观测个数对 L 的精度都有利而经济上又合算呢？设观测值精度一定时，例如设 $m = 1$ 时，当 n 取不同值，按上式算得 m_x 值见表 1-2。

表 1-2　算术平均值的中误差与观测次数的关系

n	1	2	3	4	5	6	10	20	30	40	50	100
m_x	1.00	0.71	0.58	0.50	0.45	0.41	0.32	0.22	0.18	0.16	0.14	0.10

由表中的数据可以看出，随着 n 的增大，m_x 值不断减小，即 x 的精度不断提高。但是，当观测次数增加到某一定的数目以后，再增加观测次数，精度就提高得很少。由此可见，要提高最或然值的精度，单靠增加观测次数是不经济的。精度受观测条件的限制。观测条件中诸多个别因素的影响有的属于系统误差，当使 n 达到某个值而使 m 小于该系统误差，或该系统误差有明显影响时，此 m 值便不能代表真实精度而没有实际意义了。例如，用读至厘米的皮尺丈量某距离 100 次，求得毫米的读数精度，这是显然不会令人接受的。因此，需要考虑采用适当的仪器、改进操作方法等来提高观测结果的精度。

（二）同精度直接观测值的误差

在实际测量中，观测值的真值 X 是不知道的。因此，不能利用式 $\Delta_i = L_i - X \quad (i=1,2,\cdots,n)$ 求出观测值的真误差也就不能直接利用式 $m = \pm\sqrt{\frac{[\Delta\Delta]}{n}}$ 求出观测值的中误差。但观测值的算术平均值 x 是可以得到的，且算术平均值 x 与观测值 L_i 的差值也是可以计算的，即

$$v_i = x - L_i \quad (i=1,2,\cdots,n)$$

式中，v_i ——算术平均值 x 与观测值心的差值，称为观测值改正数。

设某组等精度观测进行了 n 次，则将 n 次的观测值改正数 v_i 相加，有：

$$[v] = [L] - nx = 0$$

可以看到，在等精度观测条件下，观测值改正数的总和为0。式 $[v]=[L]-nx=0$ 可以作为计算的检核内容，如果 v_i 计算无误的话，其总和必然为0。下面通过观测值的算术平均值 x 和观测值改正数 v_i 来推导观测值中误差的计算公式。

将式 $\Delta_i = L_i - X \quad (i=1,2,\cdots,n)$ 和式 $v_i = x - L_i \quad (i=1,2,\cdots,n)$ 两端相加，得：

$$\Delta_i + v_i = x - X \quad (i=1,2,\cdots,n)$$

令 $\delta = x - X$，则：

$$\Delta_i = \delta - v_i \quad (i=1,2,\cdots,n)$$

将上式等号的两端取平方和，得：

$$[\Delta^2] = [v^2] + n\delta^2 - 2\delta[u]$$

从式 $[v]=[L]-nx=0$ 可知 $[v]=0$，所以：

$$[\Delta^2] = [v^2] + n\delta^2$$

另外，因为 $\delta = x - X$，所以：

$$\begin{aligned}
\delta^2 &= (x-X)^2 \\
&= \left(\frac{[l]}{n} - X\right)^2 \\
&= \frac{1}{n^2}[(l_1 - X) + (l_2 - X) + \cdots + (l_n - X)]^2 \\
&= \frac{1}{n^2}(\Delta_1 + \Delta_2 + \cdots + \Delta_n)^2 \\
&= \frac{1}{n^2}(\Delta_1^2 + \Delta_2^2 + \cdots + \Delta_n^2 + 2\Delta_1\Delta_2 + 2\Delta_1\Delta_3 + \cdots)
\end{aligned}$$

$$= \frac{[\Delta^2]}{n_2} + \frac{2(\Delta_1\Delta_2 + \Delta_1\Delta_3 + \cdots)}{n^2}$$

根据偶然误差的特性，当 $n \to \infty$ 时，等式右边的第二项趋近于零，所以有：

$$\delta^2 = \frac{[\Delta^2]}{n^2}$$

将式 $\delta^2 = \frac{[\Delta^2]}{n^2}$ 代入式 $[\Delta^2] = [v^2] + n\delta^2$，于是有：

$$\frac{[\Delta^2]}{n} = \frac{[v^2]}{n} + \frac{[\Delta^2]}{n^2}$$

整理后，得

$$m = \pm\sqrt{\frac{[vv]}{n-1}}$$

上式就是等精度观测中用观测值改正数 v_i 计算的观测值中误差公式，称为白塞尔公式。

六、权

在对某未知量进行不等精度观测时，由于各观测值的中误差不相等，因此，各观测值便具有不同的可靠性。因此，在求未知量的最可靠值时，就不能像等精度观测那样简单地取算术平均值进行求解。所以，这里引入权的概念。

（一）权的概念

首先我们看个例子。用相同仪器和方法观测某未知量，分两组进行观测，第一组观测 2 次，第二组观测 4 次，但每组内各观测值是等精度的。其观测值与中误差见表 1-3。

表 1-3 观测值与中误差

组别	观测值	观测值中误差 m	平均值 x	平均值中误差 M
第一组	l_1 l_2	m m	$L_1 = \frac{1}{2}(l_1 + l_2)$	$M_1 = \pm\frac{m}{\sqrt{2}}$
第二组	l_3 l_4 l_5 l_6	m m m m	$L_2 = \frac{1}{4}(l_3 + l_4 + l_5 + l_6)$	$M_2 = \pm\frac{m}{\sqrt{4}}$

由于是不等精度观测，所以测量的结果不能简单等于 L_1 和 L_2 的平均值，而应该为：

$$L=\frac{l_1+l_2+l_3+l_4+l_5+l_6}{6}$$

上式实际上是：

$$L=\frac{2L_1+4L_2}{2+4}$$

从不等精度观测平差的观点看，观测值 L_1 是 2 次观测值的平均值，L_2 是 4 次观测值的平均值，所以 L_1 和 L_2 的可靠性不一样。本例中，可取 2 和 4 反映出它们两者的轻重分量，以示区别。

由上面的例子可以看出，对于不等精度观测，各观测值的配置比最合理的是随观测值精度的高低成比例增减。为此，将权衡观测值之间精度高低的相对值称为权。权通常用字母 P 表示，且恒取正值，无量纲。观测值精度越高，它的权就越大，参与计算最或然值的比重也越大。

一定的观测条件，对应着一定的观测值中误差。观测值中误差越小，其值越可靠，权就越大。因此，我们可以通过中误差来确定观测值的权。设不等精度观测值的中误差分别为 m_1，m_2，…，m_n，则权的计算公式为：

$$P_i=\frac{m_0^2}{m_i^2}$$

式中的 m_0 起比例常数的作用，可以取任意数。但一经选定，同组各观测值的权必须用同一个 m_0 值计算。选择适当的 m_0 值，可以使权的计算变得简单。

例：以不等精度观测某水平角度，各观测值的中误差为 $m_1=\pm 2.0''$，$m_2=\pm 3.0''$，$m_3=\pm 6.0''$，求各观测值的权。

解：根据权的计算式 $P_i=\frac{m_0^2}{m_i^2}$，可得：

$$P_1=\frac{m_0^2}{m_1^2}=\frac{m_0^2}{4}\quad P_2=\frac{m_0^2}{m_2^2}=\frac{m_0^2}{9}\quad P_3=\frac{m_0^2}{m_3^2}=\frac{m_0^2}{36}$$

令 $m_0=1$，则

$$P_1=1/4,\quad P_2=1/9,\quad P_3=1/36$$

令 $m_0=2$，则

$$P_1=1,\quad P_2=4/9,\quad P_3=1/9$$

令 $m_0=6$，则

$$P_1=9,\quad P_2=4,\quad P_3=1$$

可以看出，尽管各组的 m_0 值不同，导致各观测值的权的大小也随之变化，但各组中权之间的比值却未变化。因此，权只有相对意义，起作用的不是权本身的绝对值大小，而是它们之间的比值关系。

$P=1$ 的权称为单位权；$P=1$ 的观测值称为单位权观测值；单位权观测值的中误差称为单位权中误差。

由式 $P_i=\frac{m_0^2}{m_i^2}$ 可得中误差的另一表达式：

$$m_i=m_0\sqrt{\frac{1}{P_i}}$$

在前例的式 $L=\frac{2L_1+4L_2}{2+4}$ 中，2 和 4 分别就是平均值 L_1 和 L_2 的权，即 $P_1=2$，$P_2=4$，于是式子可写为：

$$L=\frac{P_1L_1+P_2L_2}{P_1+P_2}=\frac{P_1}{[P]}L_1+\frac{P_2}{[P]}L_2$$

这就是加权算术平均值，是非等精度观测值的最可靠值。

（二）加权算术平均值的中误差

对某未知量进行了 n 次不等精度观测，观测值为 L_1，L_2，…，L_n，其相应的权为 P_1，P_2，…，P_n，则加权算术平均值 x 的定义表达式为：

$$x=\frac{P_1L_1+P_2L_2+\cdots+P_nL_n}{P_1+P_2+\cdots+P_n}=\frac{[PL]}{[P]}$$

下面推导加权算术平均值的中误差 M_x。

将上式写成如下形式：

$$x=\frac{[PL]}{[P]}=\left(\frac{P_1}{[P]}\right)L_1+\left(\frac{P_2}{[P]}\right)L_2+\cdots+\left(\frac{P_n}{[P]}\right)L_n$$

利用误差传播定律的公式，可得：

$$M_x^2=\left(\frac{P_1}{[P]}\right)^2m_1^2+\left(\frac{P_2}{[P]}\right)^2m_2^2+\cdots+\left(\frac{P_n}{[P]}\right)^2m_n^2$$

根据式 $m_i=m_0\sqrt{\frac{1}{P_i}}$，有：

$$M_x^2=\frac{m_0^2}{P_x}$$

$$m_i^2=\frac{m_0^2}{P_i}$$

将上两式代入式 $M_x^2 = \left(\frac{P_1}{[P]}\right)^2 m_1^2 + \left(\frac{P_2}{[P]}\right)^2 m_2^2 + \cdots + \left(\frac{P_n}{[P]}\right)^2 m_n^2$，整理后可得：

$$P_x = [P]$$

即加权平均值的权等于各观测值的权之和。

于是加权算术平均值中误差的表达式为：

$$M_x = \pm \frac{m_0}{\sqrt{[P]}}$$

可以推导，用改正数计算单位权中误差的公式为：

$$m_0 = \pm \sqrt{\frac{[Pvv]}{n-1}}$$

所以用观测值改正数 v_i 来计算加权平均值中误差 M_x 的公式为：

$$M_x = \pm \sqrt{\frac{[Pvv]}{[P](n-1)}}$$

这是实际测量工作中常用的计算公式。

第三节　地形图的基本运用

按一定法则，有选择地在平面上表示地球表面各种自然现象和社会现象的图，通称地图。地图分为普通地图和专题地图，地形图是普通地图的一种。地球表面错综复杂，有高山、丘陵、平原，有江、河、湖、海，还有各种人工建筑物，这些统称为地形。习惯上把地形分为地物和地貌两大类。地物是指地面上有明显轮廓的、自然形成的物体或人工建造的建筑物、构筑物，如房屋、道路、水系等。地貌是指地面的高低起伏变化等自然形态，如高山、丘陵、平原、洼地等。而地形图就是将一定范围内的地物、地貌沿铅垂线投影到水平面上，再按规定的符号和比例尺，综合舍取，缩绘而成的图。地形图主要描述地球面上地物、地貌位置、形状、大小以及基本属性信息，既表示了地物的平面分布情况，又能用特定的符号表示地貌的起伏情况。地形图表示了一定区域的自然、社会、经济与文化等重要信息，是国家政治、军事、经济建设的重要信息资源文件。

如果仅反映地物的平面位置，不反映地貌变化的图，称为平面图。在进行渠道、道路等带状工程建设时，需要了解工程沿线的地面起伏状况，为此目的而测绘的表示地面上某一方向起伏的图，称为断面图。

一、地形图的比例尺

无论是平面图、地形图还是断面图，都不能按照实地真实的大小进行绘制，必须依一定的比例加以缩小。地形图上任意线段的长度 d 与它所对应的地面上实际水平距离 D 之比，称为地形图的比例尺。常见的比例尺表示形式有两种：数字比例尺和图示比例尺。注记在地图廓外下方中央位置。

（一）比例尺的种类

1. 数字比例尺

以分子为 1 的分数形式表示的比例尺称为数字比例尺。设图上一条线段长为 d 相应的实地水平距离为 D，则该地图的比例尺为：

$$\frac{d}{D}=\frac{1}{D/d}=\frac{1}{M}$$

比例尺通常把分子约化为 1，式中 M 为比例尺的分母。数字比例尺也可写成 1∶M 的形式，如 1∶500、1∶1 000、1∶2 000 等。在 1∶1 000 的地形图上 1 cm 就代表实地水平距离为 10 m。可见 M 值愈大，比值愈小，比例尺愈小；相反，M 值愈小，比值愈大，比例尺愈大。

为了满足经济建设和国防建设的需要，测绘和编制了各种不同比例尺的地形图。通常，称 1∶100 万、1∶50 万和 1∶20 万比例尺的地形图为小比例尺地形图；1∶10 万、1∶5 万和 1∶2.5 万比例尺的地形图为中比例尺地形图；1∶10 000，1∶5 000，1∶2 000，1∶1 000 和 1∶500 比例尺的地形图为大比例尺地形图。直接满足各种土木工程设计、施工的地形图一般为大比例尺地形图。

2. 图示比例尺

为了用图方便，减弱由于图纸伸缩而引起的误差，在绘制地形图时，常在地形图的下方绘制图示比例尺。1∶2 000 的图示比例尺，绘制时先在图上绘两条平行线，再把它分成若干相等的线段，称为比例尺的基本单位，一般为 2 cm；将左端的一段基本单位又分成 10 等份，每等份的长度相当于实地 2 m，而每一基本单位所代表的实地长度为 2 cm×1 000＝20 m。图示比例尺除直观、方便外，还有一个突出的特点就是比例尺随图纸一起产生伸缩变形，避免了数字比例尺因图纸变形而影响在图上量算的准确性。

使用时，用圆规的两脚尖对准图上衡量距离的两点，然后将圆规移至图示比例尺上，使一个脚尖对准“0”分划右侧的整分划线上，而使另一个脚尖落在“0”分划线左端的小分划段中，则所量的距离就是两个脚尖读数的总和，不足一小分划的零数可用目估。

（二）比例尺的精度

通常人的肉眼能分辨的图上最小距离是0.1 mm，因此通常把图上0.1 mm所代表的实地水平距离称为比例尺的精度，用ε表示，即

$$\varepsilon = 0.1M\text{mm}$$

根据比例尺的精度，可以确定在测图时量距应准确到什么程度，例如，绘制1∶1 000比例尺地形图时，其比例尺的精度为0.1 m，故量距的精度只需0.1 m，小于0.1m在图上表示不出来。另外，当设计规定须在图上能量出的实地最短线段长度为0.5 m，则采用的比例不得小于$\frac{0.1\text{mm}}{0.5\text{m}}=\frac{1}{5\ 000}$。

可见比例尺愈大，表示地形变化的状况愈详细，精度也愈高；比例尺愈小，表示地形变化的状况愈粗略，精度也愈低。但比例尺愈大，测图所耗费的人力、财力和时间愈多。因此，在各类工程中，究竟选用何种比例尺地形图，应从实际情况出发，合理选择利用比例尺，而不要盲目追求更大比例尺的地形图。

二、地形图的分幅与编号

一般情况下，不可能在一张有限的图纸上将整个测区描绘出来。因此，必须分幅施测，并将分幅的地形图进行有系统的编号。地形图的分幅编号对图的测绘、使用和保管来说是必要的。地形图的分幅方法基本上分两种：一种是按经纬线分幅的梯形分幅法（又称为国际分幅），另一种是按坐标格网划分的矩形分幅法。

（一）地形图的梯形分幅与编号

1. 1∶100万比例尺图的分幅与编号

由国际统一规定百万分之一图的分幅是按纬差4°和经差6°划分而成。自赤道向北或向南分别按纬差4°分成“横行”，各列依次用A，B，…，V来表示；由经度180°开始起算，自西向东按经差6°分成“纵列”，各行依次用1，2，…，60来表示。其编号方法是用“横行-纵列”的代号组成，例如北京某地的经度为东经116°24′20″，纬度为39°56′30″，所在百万分之一图的编号为J-50。

2. 1∶10万比例尺图的分幅与编号

将一幅1∶100万的图，按经差30′，纬差20′分为144幅1∶10万的图，并依次用1，

2，…，144 表示。

3. 1∶5 万、1∶2.5 万、1∶1 万比例尺图的分幅与编号

这三种比例尺图的分幅编号都是以比例尺 1∶10 万地形图为基础的。每幅 1∶10 万的图分为 4 幅 1∶5 万的图，分别用 A，B，C，D 表示。每幅 1∶5 万地形图又可分为 4 幅比例尺 1∶2.5 万的图，分别以 1，2，3，4 表示。每幅 1∶10 万的图分为 64 幅 1∶1 万的图，分别以（1），（2），（3），…，（64）表示。

4. 1∶5 000 和 1∶2 000 比例尺图的分幅与编号

对于大比例尺 1∶5 000 和 1∶2 000 图的分幅和编号是在 1∶1 万图的基础上进行的。每幅 1∶1 万的图分为 4 幅 1∶5 000 的图，分别以 A，B，C，D 表示。每幅 1∶5 000 地形图又包括 9 幅 1∶2 000 的地形图，分别以 1，2，3，…，9 表示。

（二）地形图的矩形条幅与编号

工程测量所用的大比例尺地形图，通常采用矩形分幅，它是按统一的直角坐标网格划分的。

采用矩形分幅时，大比例尺地形图的编号，一般采用该图图廓西南角的坐标以千米为单位表示。如某 1∶1 000 比例尺图的图幅，其西南角坐标 X = 83 500 m，Y = 15 500 m，故其图幅编号为 83.5~15.5。编号时，比例尺为 1∶500 的地形图，坐标值取至 0.01 km，而 1=1 000，1∶2 000 地形图取至 0.1 km。

三、地形图的图外注记

（一）图名

图名即本图幅的名称，一般以本图幅内主要的地名、单位或行政名称命名，注记在北图廓外上方中央。若图名选取有困难时，也可不注图名，只注图号。

（二）图号

为了便于保管和使用地形图，每张地形图上都编有图号。图号是根据地形图分幅和编号方法编定的，并标于北图廓上方的中央，图名的下方。

（三）图廓

图廓是地形图的边界，矩形图幅内只有内、外图廓之分。内图廓线就是坐标网格线，也是图幅的边界线，线粗为 0.1 mm。外图廓线为图幅的最外围边线，线粗 0.5 mm，是修

饰线。内、外图廓线相距 12 mm。在内图廓外四角处注有坐标值，并在内廓线内侧，每隔 10 cm 绘有 5 mm 的短线，表示坐标网格线的位置。在图幅内绘有每隔 10 cm 的坐标网格交叉点。

（四）接合图表

说明本图幅与相邻图幅的联系，供索取相邻图幅时用。通常把相邻图幅的图号标注在相邻图廓线的中部，或将相邻图幅的图名标注在图幅的左上方。

（五）三北方向关系图

在中、小比例尺图的南图廓线的右下方，还绘有真子午线、磁子午线和坐标纵轴（中央子午线）方向这三者之间的角度关系，称为三北方向图。利用该关系图，可对图上任一方向的真方位角、磁方位角和坐标方位角三者间做相互换算。

在地形图外还有一些其他注记，如外图廓左下角，应注记测图时间、坐标系统、高程系统、图式版本等；右下角应注明测量员、绘图员和检查员；在图幅左侧注明测绘机关全称；在右上角标注图纸的密级。

四、地物符号

为了便于测图和读图，在地形图中常用不同的符号来表示地物和地貌的形状和大小，这些符号总称为地形图图式。地面上的地物和地貌，应按国家测绘总局颁发的《地形图图式》中规定的符号表示于图上。

地物的类别、形状、大小及其在图上的位置，是用地物符号表示的。根据地物的大小及描绘方法不同，地物符号可被分为比例符号、半比例符号、非比例符号及地物注记。

（一）比例符号

把地面上轮廓尺寸较大的地物，依形状和大小按测图比例尺缩绘到图纸上，称为比例符号，如房屋、湖泊、道路等。这些符号与地面上实际地物的形状相似，可以在图上量测地物的面积。当用比例符号仅能表示地物的形状和大小，而不能表示出其类别时，应在轮廓内加绘相应符号，以指明其地物类别。

（二）半比例符号

半比例符号一般又称为线形符号。对于沿线形方向延伸的一些带状地物，如铁路、通讯线、管道、垣栅等，其长度可按比例缩绘，而宽度无法按比例表示的符号称为半比例符号。半比例符号的中心线即为实际地物的中心线。这种符号可以在图上量测地物的长度，但不能量测其宽度。

（三）非比例符号

有些重要或目标显著的独立地物，若面积甚小（如三角点、导线点、水准点、塔、碑、独立树、路灯、检修井等），其轮廓亦较小，无法将其形状和大小按照地形图的比例尺绘到图上，则不考虑其实际大小，只准确表示物体的位置和意义，采用规定的符号表示。这种符号称为非比例符号。

非比例符号的中心位置与实际地物中心位置的关系随地物而异，在测绘、读图及用图时应注意以下几点：①规则的几何图形符号（如三角点、导线点、钻孔等），该几何图形的中心即为地物的中心位置；②宽底符号（如里程碑、岗亭等），该符号底线的中心即为地物的中心位置；③底部为直角的符号（如独立树、加油站等），地物中心在其下方图形的中心点或交叉点；④由几种几何图形组成的符号（如气象站、路灯等），地物中心在其下方图形的中心点或交叉点；⑤下方没有底线的符号（如窑洞、亭等），地物中心在下方两端点间的中心点。在绘制非比例符号时，除图式中要求按实物方向描绘外，如窑洞、水闸、独立屋等，其他非比例符号的方向一律按直立方向描绘，即与南图廓垂直。

（四）地物注记

用文字、数字等对地物的性质、名称、种类或数量等在图上加以说明，称为地物注记。地物注记可分为如下三类：①地理名称注记：如居民点、山脉、河流、湖泊、水库、铁路、公路和行政区的名称等均须用各种不同大小、不同的字体进行注记说明。②说明文字注记：在地形图上为了表示地物的实质或某种重要特征，可用文字说明进行注记。如咸水井除用水井符号表示外，还应加注“咸”字说明其水质；石油井、天然气井等其符号相同，必须在符号旁加注“油”“气”以示区别。③数字注记：在地形图上为了补充说明被描绘地物的数量和说明地物的特征，可用数字进行注记。如三角点的注记，其分子是点名或点号，分母的数字表示三角点的高程。

使用中应注意，在地形图上对于某个具体地物的表示，是采用比例符号还是非比例符号，主要由测图比例尺和地物的大小而定，在《地形图图式》中有明确规定。但一般而言，测图比例尺越大，用比例符号描绘的地物就越多；相反，比例尺越小，用非比例符号表示的地物就越多。随着比例尺的增大，说明文字注记和数字注记的数量也相应增加。

五、地貌符号——等高线

在地形图上表示地貌的方法很多，在大比例尺地形图上通常用等高线表示地貌。因为等高线表示地貌不仅能表示地面的起伏状态，而且还能科学地表示出地面坡度和地面点的高程。

（一）等高线

地面上高程相等的相邻各点所连的闭合曲线称为等高线。如图 1-7 所示，设想有一座高出水面的小山头与某一静止的水面相交形成的水涯线为一闭合曲线，曲线的形状随小山头与水面相交的位置而定，曲线上各点的高程相等。例如，当水面高为 70 m 时，曲线上任一点的高程均为 70 m；若水位继续升高至 80 m、90 m，则水涯线的高程分别为 80 m、90 m，将这些水涯线垂直投影到水平面 H 上，并按一定的比例尺缩绘在图纸上，这就将小山头用等高线表示在地形图上了。这些等高线具有数学概念，既有其平面的位置，又表示了一定的高程数字。因此，这些等高线的形状和高程客观地显示了小山头的形态、大小和高低，同时又具有可量度性。

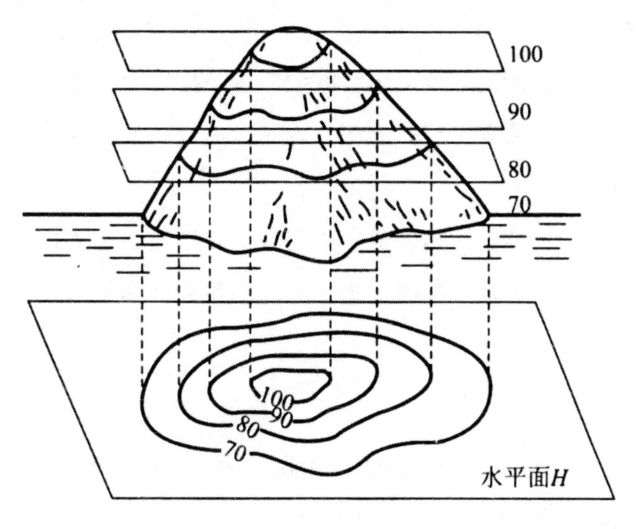

图 1-7 等高线

（二）等高距和等高线平距

地形图上相邻两条等高线间的高差，称为等高距，通常用 h 表示。地形图上相邻两条等高线间的水平距离，称为等高线平距，通常用 d 表示。在同一幅地形图上，等高距 h 是相同的，所以等高线平距 d 的大小与地面坡度 i 有关。等高线平距越小，等高线越密，表示地面坡度越陡；反之，等高线平距越大，等高线越稀疏，表示地面坡度越平缓。地面坡

度 i 可用下式表示：

$$i = \frac{h}{d \times M}$$

等高距越小，用等高线表示的地貌细部就越详尽；等高距越大，地貌细部表示得越粗略。但是，当等高距过小时，图上的等高线过于密集，将会影响图面的清晰度，而且会增加测绘工作量。测绘地形图时，要根据测图比例尺、测区地面的坡度情况、用图目的等因素全面考虑，并按国家规范要求选择合适的基本等高距。

（三）典型地貌的等高线

地面上地貌的形态多种多样，但一般都是由几种典型地貌组成，掌握了这些典型的地貌等高线的特点，就比较容易识读、应用和测绘地形图。

1. 山头和洼地

山头和洼地的等高线，它们投影到水平面都是一组闭合曲线，其区别在于：山头的等高线内圈高程大于外圈高程，洼地则相反。在地形图上通常用一根垂直于等高线的短线即示坡线来指示坡度降低的方向，并加注等高线的高程。

2. 山脊与山谷

山脊是沿着一个方向延伸的高地，山脊的最高棱线称为山脊线。山脊线附近的雨水必然以山脊线为分界线，分别流向山脊的两侧，因此，山脊线又称为分水线。山脊的等高线是一组凸向低处的曲线。

山谷是沿着一个方向延伸的洼地，贯穿山谷最低点的连线称为山谷线。在山谷中，雨水必然由两侧山坡流向谷底，向山谷线汇集，因此山谷线又称集水线。山谷的等高线为一组凸向高处的曲线。

3. 鞍部

鞍部是相邻两个山头之间呈马鞍形的低凹部。鞍部左右两侧的等高线是近似对称的两组山脊线和两组山谷线，其特点是一圈大的闭合曲线内，套有两组小的闭合曲线。鞍部是山区道路选线的重要位置，一般是越岭道路的必经之地，因此在道路工程上具有重要意义。

4. 陡崖与悬崖

陡崖是坡度在70°以上难于攀登的陡峭崖壁，陡崖分石质和土质两种。陡崖如果用等高线表示，将是非常密集或重合为一条线，因此采用《地形图图式》中陡崖符号来表示。悬崖是上部突出、下部凹进的地貌。悬崖上部的等高线投影到水平面时，与下部的等高线相交，下部凹进的等高线部分用虚线表示。

还有一些地貌符号，如陡石山、崩崖、滑坡、冲沟、梯田坎等，可按《地形图图式》中规定的符号表示。这些地貌符号和等高线配合使用，就可以表示各种复杂的地貌。

（四）等高线的分类

为了便于从图上正确地判别地貌，在同一幅地形图上应采用一种等高距。由于地球表面形态复杂多样，有时按基本等高距绘制等高线往往不能充分表示出地貌特征，为了更好地显示局部地貌和用图方便，地形图上可采用下面四种等高线。

1. 首曲线

在同一幅地形图上，按基本等高距测绘的等高线，称为首曲线，又称基本等高线，用 0.15 mm 宽的细实线绘制。

2. 计曲线

凡是高程能被 5 倍基本等高距整除的等高线，均用 0.3 mm 粗实线描绘，并注上该等高线的高程，称为计曲线，又称加粗曲线。

3. 间曲线

对于坡度很小的局部区域，当用基本等高线不足以反映地貌特征时，可按 1/2 基本等高距加绘一条等高线，该等高线称为间曲线。间曲线用 0.15 mm 宽的长虚线（6 mm 长、间隔为 1 mm）绘制，可不闭合。

4. 助曲线

用间曲线还无法显示局部地貌特征时，可按 1/4 基本等高距描绘等高线，称为辅助等高线，简称为助曲线，用短虚线描绘。在实际测绘中，极少使用。

（五）等高线的特性

①同一条等高线上各点的高程相等。②等高线是闭合曲线，如果不在同一幅图内闭合，则必定在相邻的其他图幅内闭合。③等高线只有在陡崖或悬崖处才会重合或相交；非河流、房屋或数字注记处，等高线不能中断。④等高线与山脊线、山谷线成正交。⑤等高线平距大表示地面坡度小；等高线平距小则表示地面坡度大；平距相等则坡度相同。倾斜平面的等高线是一组间距相等且平行的直线。⑥等高线不能直穿河流，应逐渐折向上游，正交于河岸线，中断后再从彼岸折向下游。

六、地形图的判读

地形图的判读是正确应用地形图的基础。地形图是用各种规定的符号和注记表示地物、地貌及其他有关资料。通过对这些符号和注记含义的准确判读，可使地形图成为展现在人们面前的实地立体模型，以判断其相互关系和自然形态，这就是地形图判读的主要目的。地形图的判读，可按“先图外，后图内；先地物，后地貌；先主要，后次要；先室内，后野外”的基本顺序，并参照相应的《地形图图式》逐一阅读。

（一）图廓外注记判读

读图时，首先要了解地形图的图廓外注记，内容包括：图号、图名、接图表、比例尺、坐标系、使用图式、等高距、测图日期、测绘单位、图廓线、坐标格网、三北方向线和坡度尺等，它们分布在东、南、西、北四面图廓线外。

（二）地物的判读

地形图上的地物、地貌是用不同的地物符号和地貌符号表示的。比例尺不同，地物、地貌的取舍标准也不同，随着各种建设的不断发展，地物、地貌又在不断改变。应用地形图应了解地形图所使用的地形图图式，熟悉一些常用的地物和地貌符号，了解图上文字注记和数字注记的确切含义。

识读地物通常按先主后次的程序，并顾及取舍的内容与标准进行。按照地物符号先识别大的居民点、主要道路和用图需要的地物，然后再扩大到识别小的居民点、次要道路、植被和其他地物。通过分析，就会对主、次地物的分布情况，主要地物的位置和大小形成较全面的了解。

（三）地貌判读

地貌判读的目的是了解各种地貌的分布和地面的高低起伏状况。识读地貌主要是根据基本地貌的等高线特征和特殊地貌（如陡崖、冲沟等）符号进行。山区坡陡地貌形态复杂，尤其是山脊和山谷等高线犬牙交错，不易识别。可先根据水系的江河、溪流找出山谷、山脊系列，无河流时可根据相邻山头找出山脊。再按照两山谷间必有一山脊，两山脊间必有一山谷的地貌特征，即可识别山脊、山谷地貌的分布情况。结合特殊地貌符号和等高线的疏密进行分析，就可以较清楚地了解地貌的分布和高低起伏情况。最后将地物、地貌综合在一起，整幅地形图就像立体模型一样展现在眼前。

七、综合分析及实地判读

地形图的判读是一项非常复杂而细致的工作，要想准确掌握某图幅或某地区的详细情况，必须在粗读的基础上再逐项细读，并对与工程规划设计有关的地图要素进行综合分析，确定其相互关系。使用旧图时，还应注意图上与实地的各类地物地貌的变化，由于城乡建设事业的迅速发展，地面上的地物、地貌也随之发生变化。因此，在应用地形图进行规划以及解决工程设计和施工中的各种问题时，除了细致地判读地形图外，还须进行实地勘察，以便对建设用地做全面正确的了解。

第二章　水准及角度的测量

第一节　水准测量

一、水准测量原理及工具

（一）水准测量的基本原理

水准测量又名“几何水准测量”，是用水准仪和水准尺测定地面上两点间高差的方法。在地面两点间安置水准仪，观测竖立在两点上的水准标尺，按尺上读数推算两点间的高差。

水准测量的原理是：利用水准仪提供的一条水平视线，分别读出地面上两个点上所立水准尺上的读数，由此计算两点的高差，根据测得的高差再由已知点的高程推求未知点的高程。如图 2-1 所示。

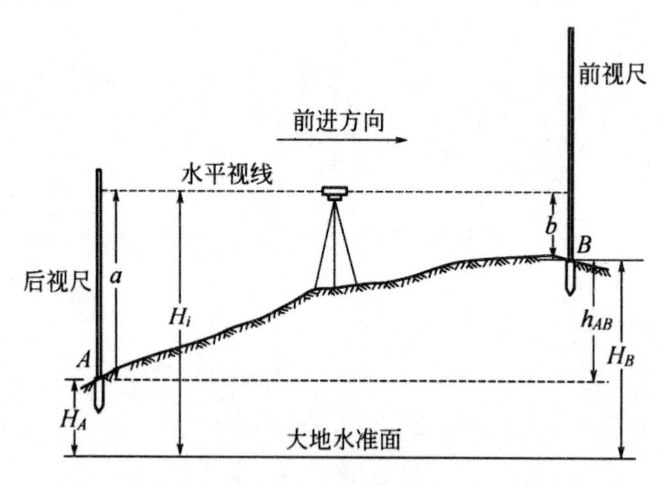

图 2-1　水准测量原理

高差法：利用两点间的高差计算未知点高程的方法，称为高差法。从图中可以得出计算公式为 $H_B = H_A + (a - b)$ 。

仪高法：当安置一次仪器，根据一个后视点的高程，需要测定多个前视点的高程时，利用仪器高程来计算多个未知点高程的方法，称为视线高法，也称为仪器高法。从图中可以得出各未知点高程的计算公式为 $H_B = (H_A + a) - b$ 。

二者的适用条件是：高差法用于高程的联标测量，用来完成测绘任务；仪高法适用来完成测设任务，用于地面上定位点的高程放样。二者的计算公式表达是不同的。必须注意，深刻理解。

从公式的角度看，测量和放样在完成任务的目的上的区别是：测量是求得某点的高程；放样是求得某点的尺度数。

几个概念：①后视点及后视读数：某一测站上已知高程的点，称为后视点，在后视点上的尺读数称为后视读数，用 a 表示。②前视点及前视读数：某一测站上高程待测的点，称为前视点，在前视点上的尺读数称为前视读数，用 b 表示。③转点：在连续水准测量中，用来传递高程的点，称为转点。其上既有前视读数，又有后视读数。④间视点：在测量过程中，临时用来检查某一点的高程而在其上立尺所测的只有前视读数的点称为间视点。间视点属于前视点的一个类型，其数据不能用来进行计算校核，常在抄平中使用。

（二）连续水准测量

连续水准测量，如图 2-2 所示。在 A、B 两点间高差较大或相距较远，安置一次水准仪不能测定两点之间的高差时使用。此时有必要沿 A、B 的水准路线增设若干个必要的临时立尺点，即转点（用于传递高程）。根据水准测量的原理依次连续地在两个立尺中间安置水准仪来测定相邻各点间高差，求和得到 A、B 两点间的高差值。

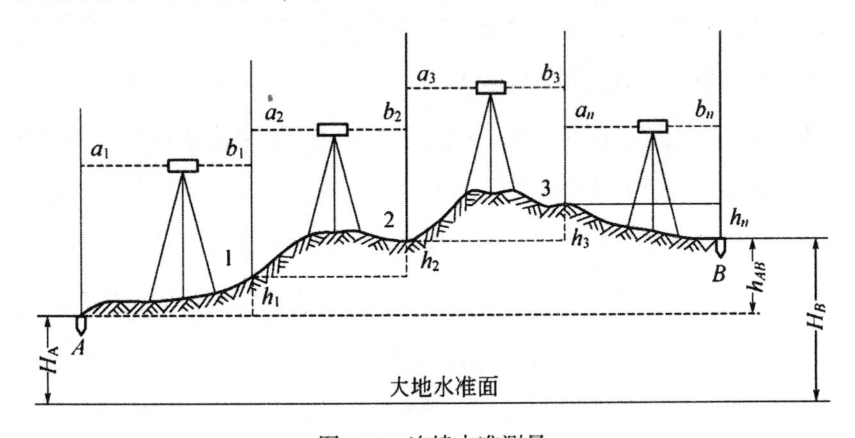

图 2-2　连续水准测量

$$h_1 = a_1 - b_1$$

$$h_2 = a_2 - b_2$$

则

$$h_{AB} = h_1 + h_2 + \cdots + h_n = \sum h = \sum a - \sum b$$

（三）水准仪的构造

1. 基座

基座呈三角形，由轴座、脚螺旋和连接板组成。仪器上部通过竖轴插在轴套内，由基座承托。脚螺旋用来调整圆水准器。

整个仪器通过连接板、中心螺旋与三脚架连接。

2. 望远镜

望远镜由物镜、目镜、十字丝分划板和对光透镜（内对光式）组成。

（1）物镜（复合透镜）

作用是将远处的目标成像在十字丝分划板上，形成缩小而倒立的实像。

（2）目镜（复合透镜）

作用是将物镜所形成的实像连同十字丝分划板一起放大成虚像。

（3）十字丝分划板

位于望远镜光学系统的焦平面上，光学玻璃板，用以瞄准目标和读数，上面有一竖丝和三条横丝（中丝和两条视距丝）。

（4）视准轴

物镜光心和十字丝交点的连线。

望远镜的性能主要有：放大率、视场角、分辨率和亮度。

望远镜的使用主要有：对光和消除视差。

当观测者对着目镜观测标尺成像时，眼睛上下移动，如果发现标尺与十字丝横丝有相互错动现象，即读数略有改变这种现象，称为视差。视差产生的原因是：物像没有成像在十字丝的竖平面上。视差存在会使读数产生误差，有时误差较大，故在读数前必须加以消除视差。消除方法是重新转动物镜对光螺旋，从而改变物像位置，使成像落在十字丝的竖平面上，如果仍然不能消除视差，则表示目镜调焦还不十分完善，再重新进行目镜调焦，直到目标和十字丝没有相对错动现象为止。仔细反复地调节目镜和物镜的对光螺旋，直到成像稳定。

3. 水准器

水准器分管水准器（又称水准管）和圆水准器，管水准器用以使视线精确水平，圆水准器用以使仪器竖轴处于铅垂位置。

（1）水准管的构造

水准管是一个两端封闭而纵向内壁磨成半径为7～80mm圆弧的玻璃管，管内注满酒精和乙醚的混合液，加热密封，冷却后在管内形成气泡。如图2-3（a）所示，水准管顶面圆弧的中心点 O 称为水准管零点，通过点 O 作一切线 LL 称为水准管轴，安装时水准管轴与望远镜视准轴平行。当气泡的中心点和零点重合即气泡被零点平分时，称为气泡居中，此时，水准管轴成水平位置，视准轴也同时水平。为了判断气泡是否严格居中，一般在零点两侧每隔2mm刻一分划线，如图2-3（b）所示，水准管上每2mm弧长所对应的圆心角称为水准管的分划值。分划值的大小是反映水准管灵敏度的重要指标，水准管上2mm弧长所对的圆心角，$\tau'' = 2\rho''/R$。水准管的分划值有10″、20″、30″、60″等几种。分划值愈小，水准管轴的整平精度愈高。

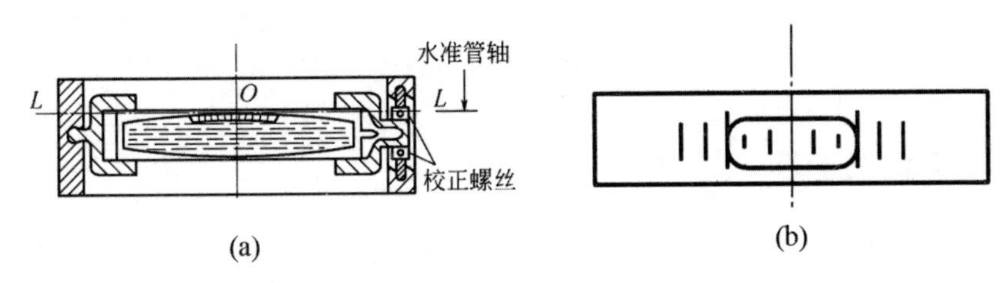

图2-3　水准管的构造

在水准测量中，为了提高眼睛判断水准管气泡居中的精度，在水准管的上方安装了一组棱镜，如图2-4（a）所示，通过棱镜的反射，把水准管一半气泡两端的影像折射到望远镜旁的气泡观测窗内。经过折射后半气泡两端的影像呈两个半影，如图2-4（b）所示，

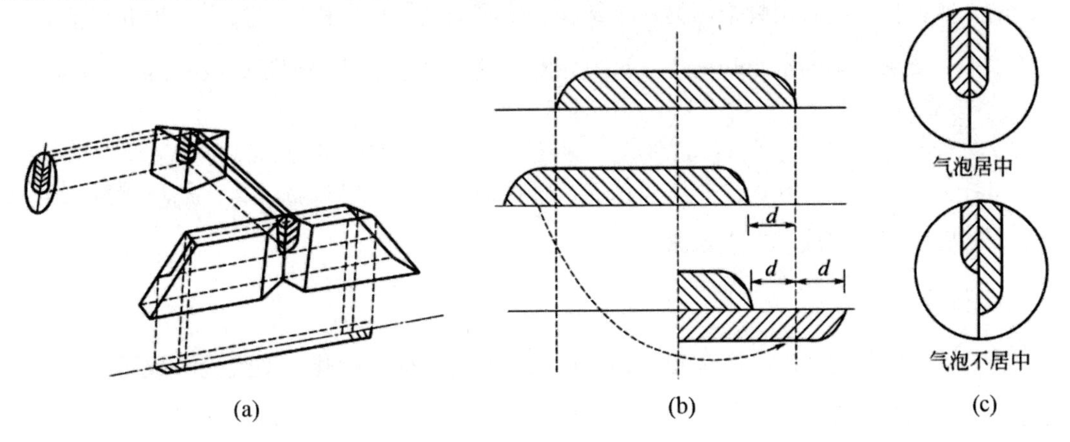

图2-4　水准管与符合棱镜

当气泡居中时，即气泡被零点平分，两端长度相等，两端半气泡就吻合，如图 2-4（c）所示。否则，就不吻合。

（2）圆水准器的构造

①圆水准轴：分划小圆周的中心为圆水准器的零点，过零点的球面法线，如图 2-5 所示；②分划值大，灵敏度低，仅用于粗平。

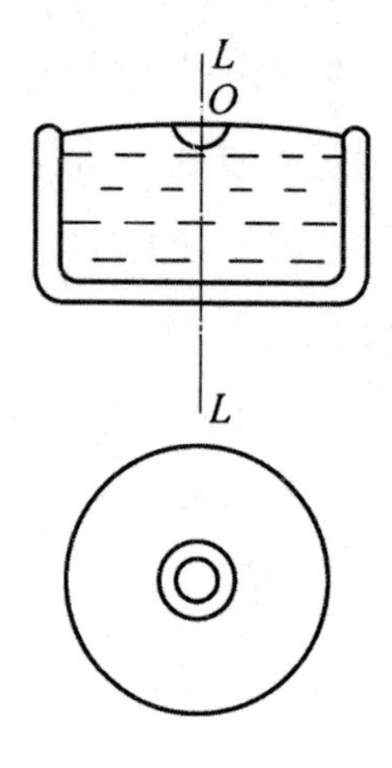

图 2-5　圆水准器

（四）水准仪的操作

水准仪的使用分以下几步：

1. 三脚架打开与安置分为以下两个步骤：①提拉脚架：用右手抓住三脚架的头部，立起来，然后用左手顺时针拧开三脚架三个脚腿的固定螺栓。同时上提脚架，脚腿自然下滑。提至架头与自己的眼眉齐平为止。之后逆时针拧紧螺旋，固定脚腿。注意螺栓的拧紧程度不要过大，手感吃力即可。②打开脚架：提拉完脚架之后，用两手分别抓住两个架腿，向外侧掰拉，同时用脚推出另一个架腿，使脚架的落地点构成等边三角形并保证架头大致水平。要求脚架的空当与两个立尺点相对，这样防止骑某个脚腿读数的情况出现。

2. 安置仪器

三脚架立好后，打开仪器箱取出仪器，将仪器的底座一侧接触架头，然后顺势放平仪器。旋紧底座固定螺旋。要求松紧适度。

3. 粗平

将仪器的圆气泡对准一个架腿测，手提该架腿前后推拉脚腿，使气泡大致居中。气泡的运动方法为左右反向，前后同向。踩实架腿。

4. 精平

在粗平完成后，调节脚螺旋，使圆水准气泡严格居中，称为圆气泡的精平；旋动微倾螺旋，使符合水准管的两个半气泡对齐，称为读数精平。

5. 读数

从小数向大数读，读四位。前两位从尺上直接读取，第三位查黑白格数，第四位估读。

注意：①每次读数前都要精平；②按操作规程使用仪器；③制、微动螺旋不能错用，旋转要轻巧；④仪器和工具要轻拿轻放；⑤不能坐仪器箱；⑥切忌手扶脚架进行观测。

以上的操作是针对 DS3 型微倾水准仪而言的。对自动安平水准仪省略了读数精平。

（五）测量工具

1. 水准尺

水准尺是水准测量的重要工具，与水准仪配合使用。水准尺有精密水准尺和普通水准尺；尺长一般为 3~5m；尺型有直尺、折尺、塔尺等；其分划为底部从零开始每间隔 1cm，涂有黑白或黑红相间的分划，每分米注记数字。

双面尺分黑面尺（主尺，底端从零开始注记读数）和红面尺［辅尺，底端从常数 4.687mm（或 4.787mm）开始注记读数］。

2. 尺垫

尺垫与水准仪配合使用，在转点上使用。其作用是传递高程，防止水准尺下沉和转动改变位置。

3. 三脚架

三脚架用于安放仪器。

二、普通水准测量

（一）水准测量的实施

所谓的普通水准测量，是指四等或等外水准测量。

1. 水准点

水准点是在高程控制网中用水准测量的方法测定其高程的控制点。一般分为永久性和临时性两大类，从安装方式分为明标和暗标两类。永久性的水准点是在控制点处设立永久性的水准点标石，标石埋设于地下一定深度，也可以将标志直接灌注在坚硬的岩石层上或坚固的永久性的建筑物上，以保证水准点能够稳固安全、长久保存以及便于观测使用。

2. 水准路线

（1）闭合水准路线

从一个已知水准点出发经过各待测水准点后又回到该已知水准点上的路线。

（2）附合水准路线

从一个已知水准点出发经过各待测水准点附合另一个已知水准点上的路线。

（3）支水准路线

从一个已知水准点出发到某个待测点结束的路线。要往返观测比较往返观测高差。

3. 实施

水准测量的实施首先要具备以下几个条件：一是确定已知水准点的位置及其高程数据；二是确定水准路线的形式即施测方案；三是准备测量仪器和工具，如塔尺、记录表、计算器等。然后到现场进行测量。

连续水准测量的使用场合：若地面两点相距较近时，安置一次仪器就可以直接测定两点的高差。当地面上两点相距较远或高差较大时，安置一次仪器难以测得两点的高差，采用连续水准测量的方法进行，因此在 A、B 两点之间增设若干临时立尺点，把 A、B 分成若干测段，逐段测出高差，最后由各段高差求和，得出 A、B 两点间高差。

（二）水准测量的校核

1. 路线校核

路线校核有闭合水准路线校核、附合水准路线校核和支水准路线校核。

2. 测站校核

测站校核是指检查一个测站的错误，一个测站只测一次高差，高差是否正确无法知道，对一个测站重复校差的测定，$|h_1 - h_2| \leq 5\text{mm}$。

测站校核的方法有变更仪器高法、双仪器法、双面尺法。

（1）变更仪高法

在同一测站上，用不同的仪器高（相差 10cm 以上），测得两次高差进行比较。当校差满足时，取其平均值作为该测段高差。否则，重新观测。

（2）双仪器法

用两台仪器同时观测，分别计算高差，合格后取均值。

(3) 双面尺法

在每一测站上，用同一仪器高，分别在红、黑两尺面上读数，然后比较黑面测得高差和红面测得高差，当较差满足时，取其平均值作为该测段高差。否则，重新观测。

注意：观测顺序是黑、黑、红、红。

后红＝后黑＋K（K 为尺常数）

前红＝前黑＋K

3. 计算校核

用计算高差的总和检验各站高差计算是否正确。

4. 成果校核

成果校核是水准测量消除错误，提高最后成果精度的重要措施。由于测量误差的影响，使水准路线的实测高差与理论值不符，其差值称高差闭合差。

高差闭合差（f_h）＝观测值−理论值（真值、高精度值）

闭合水准路线：$f_h = \sum h_{测}$

附合水准路线：$f_h = \sum h_{测} - (H_{终} - H_{起})$

支水准水准路线：$f_h = \sum h_{往} + \sum h_{返}$

容许误差：计算所得高差闭合差 f_h 应在规定的容许范围内，认为精度合格，普通水准测量

$$f_{h容} = \begin{cases} \pm 40\sqrt{L}\,\text{mm}（平地、L 为路线长度，以 km 计） \\ \pm 12\sqrt{n}\,\text{mm}（山地、n 为测站数） \end{cases}$$

（三）高差闭合差的调整与计算

通过高差闭合差的调整，来改正观测高差所包含的误差，用改正后的高差计算高程。改正原则：按测站数（或路线长度）成正比，反符号分配。其步骤如下：

1. 高差闭合差的计算

$$f_h = \sum h_{测}$$

$$f_h = \pm 12\sqrt{n}$$

2. 高差闭合差的调整

每站的改正数：$v = -\dfrac{f_h}{\sum n}$

3. 计算高程

改正后高差等于各测段观测高差加上相应的改正数。

$$h_i = h_{i测} + v_i$$

$$H_i = H_{i-1} + h_i$$

三、水准仪的检校

（一）水准仪轴线的几何关系

根据仪器构造特点，圆水准器气泡居中，竖轴基本竖直，望远镜视线基本水平，转动微倾螺旋使水准管气泡居中，视线水平。另外，仪器整平后，用十字丝的横丝读数时，标尺在横丝的任意位置，读数都应该是正确的，为满足以上条件，水准仪主要轴线应满足以下几何条件（如图 2-6 所示）：①水准管轴 *LL*// 视准轴 *CC*；②圆水准器轴 *L′L′*// 竖轴 *VV*；③横丝要水平（即十字丝横丝 ⊥ 竖轴 *VV*）。

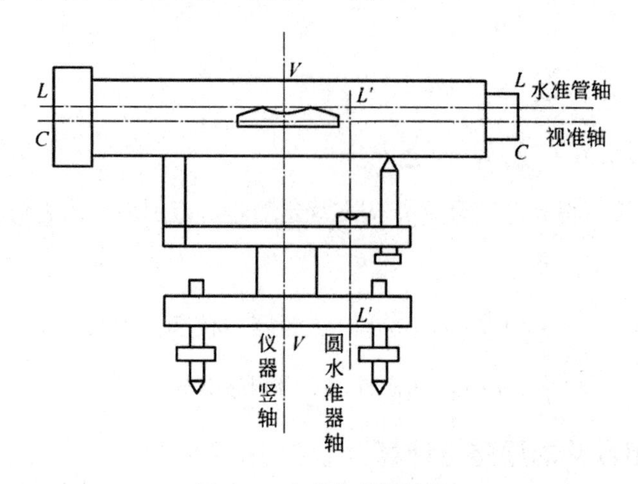

图 2-6　水准仪几何轴线

（二）圆水准器轴平行于竖轴的检验

1. 检验

调节脚螺旋使圆水准气泡居中，将仪器旋转 180°，如气泡居中，则条件满足，否则要校正。

2. 校正

调节脚螺旋，使气泡向中心退回偏离值的一半，用校正针拨动圆水准器下面的校正螺丝，退回另一半。

3. 校正原理

设 $L'L'//VV$，两者的交角为 a，当气泡居中时，$L'L'$ 处于铅垂方向，但 VV 倾斜了一个 a 角，当 $L'L'$ 轴从位置绕 VV 保持 a 角旋转 180°，则 $L'L'$ 倾斜了 $2a$ 角，校正时，只改正一个 a，即气泡退回偏离值的一半，使 $L'L'//VV$，另一半是 VV 倾斜 a 所造成的，调节脚螺旋。

（三）十字丝横丝的检校

1. 检验

调平仪器，用十字形交点精确瞄准远处一清晰目标，固定水平制动螺旋，转动水平微动螺旋使望远镜左右移动，如目标点始终沿着十字丝横丝左右移动，则条件满足。否则校正。

2. 校正

放下目镜端十字丝环外罩，用螺丝刀松开十字丝环的四个固定螺丝，转动十字丝环，至中丝水平，校正好后固定四个螺丝，旋上十字丝环护罩。

（四）$LL//CC$ 的检校（i 角误差）

1. 检验

在相距 60~80m 的平坦地面选 A、B 两点，打下木桩或设置尺垫，AB 的中点 C 安置仪器，测得 A、B 两点的正确高差，将仪器搬至近尺端，读近尺读数 a，远尺读数 $b_{读}$，则

$$CC//LL(i = 0)$$

$$b_{计} = a - h_{AB}$$

$$\Delta b = b_{读} - b_{计}$$

2. 校正

水准管轴不平行于视准轴的原因在于水准管一端的校正螺丝不等高引起的，转动微倾螺旋，使十字丝横丝对准 B 尺上应读数，此时 CC 处于水平位置，但气泡偏离了中心，用校正针拨动水准管一端上下两个校正螺丝，升高或降低此端至气泡居中。如图 2-7 所示。

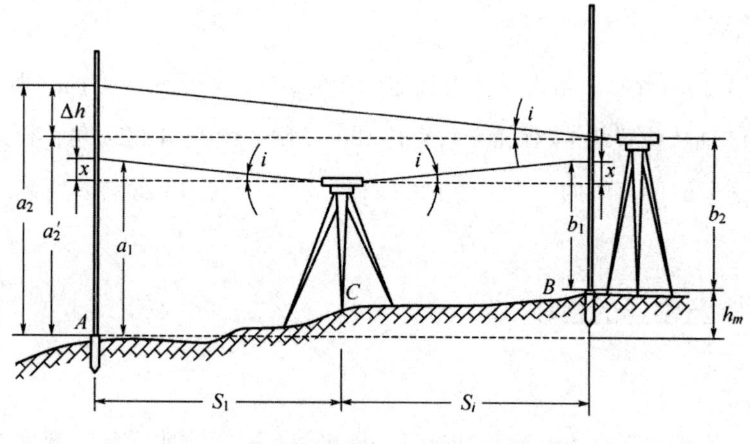

图 2-7　水准管轴与视准轴平行校正

四、水准测量的误差

（一）仪器误差

1. $CC//LL$ 误差（i 角误差）

AB 间的正确高差

$$h_{AB}=a'-b'=(a-\chi_a)-(b-\chi_b)=(a-b)-(\chi_a-\chi_b)$$
$$=a'-b'-\gamma'(D_A-D_B)=h_{测}-\tan i(D_A-D_B)$$

$D_A=D_B$ 时，i 角误差能得到消减，$i\leqslant 20''$，i 角误差的影响可以忽略。

2. 望远镜的对光误差

在一个测站上，由后视转为前视时，由于距离不等，望远镜要重新对光。对光时，对光透镜的运行将引起 i 角的变化，从而对高差产生影响 $D_A=D_B$ 可消除。

3. 水准尺误差

水准尺刻画不均匀、不准确、尺身变形等都会引起读数误差，因此水准尺要进行检定。对刻画不准确和尺身变形的尺子，不能使用。对于尺底的零点差，采用在测设段设置偶数站的方法来消除。

（二）人为误差

1. 水准管气泡居中误差

主要与水准管分划值，和人眼观察气泡居中的分辨力有关，居中误差 $\pm 0.15\tau$，符合气泡居中精度提高一倍。

由此引起的在水准尺上的读数误差为

$$m_c = \frac{0.75\tau}{\rho}D$$

式中，ρ——弧度的秒值，$\rho = 206\ 265''$。

2. 估读误差

望远镜照准水准尺进行读数的误差与人眼分辨力、望远镜放大率与仪器至标尺的距离有关，则

$$m_v = \frac{P}{V} \cdot \frac{D}{\rho} = \frac{60}{30} \times \frac{D}{206\ 265}$$

3. 水准尺倾斜误差

竖立不直，尺在视线方向左、右倾斜时，观测者容易发现，沿视线方向前后倾斜时，不易发现，设尺倾斜 θ 角，读数为 a'，则竖直对读数为 $a = a'\cos\theta$。

（三）外界条件的影响

1. 大气折光的影响

由于大气的垂直折光作用，引起了观测时的视线弯曲，造成读数误差。消减此项误差的办法有三种：一是选择有利时间来观测，尽量减小折光的影响；二是视线距地面不能太近，要有一定的高度，一般视线高度离地面要在 0.3m 以上；三是使前、后视距相等。

2. 温度和风力的影响

外界温度和风力的变化引起 i 角的变化，造成观测中读数的误差。为消除此项误差，可在安置好仪器后等一段时间，在外界风力较小时，使仪器和外界温度相对稳定后再进行观测。如阳光过强时，可打遮阳伞。

3. 仪器和尺垫下沉产生的影响

仪器下沉，视线降低，使前视读数减小，$h = a - b\uparrow$ 采用后→前→前→后的观测程序。

转点尺垫下沉，使后视读数增大。

$$h_{AB} = a_1 - b_1 + a_2 - b_2$$

往 $h_{AB} = a_1 - b_1 + a_2 - b_2\uparrow \quad (a_2\uparrow)$

返 $h_{AB} = a_1 - b_1 + a_2 - b_2\uparrow \quad (b_1\downarrow)$

往返测取平均值可减小该误差的影响。

（四）水准测量的注意事项

①检校仪器，坚实地面上设站选点，前后视距尽量相等；②瞄准、读数时，仔细对

光，清除视差，精平气泡，读完后检查气泡的位置，标尺立直；③成像清晰时观测，中午气温高，折光强，不宜观测。

五、自动安平水准仪

（一）视线自动安平原理

CC 水平时在水准尺上读数为 a，CC 倾斜一个小角 α，视线读数为 α'，为了十字丝中丝读数仍为水平视线的读数 a，在望远镜光路上增设一个补偿装置，使通过物镜光心的水平视线经补偿装置的光学元件偏转一个 β 角，仍旧成像于十字丝中心。

如图 2-8 所示，在水准仪的望远镜中设置一个补偿装置，当视准轴不水平，有一斜度不大的倾角时，通过物镜光心的水平光线经补偿器后仍能通过十字丝的交点，以获得水平视线，达到自动安平的目的。

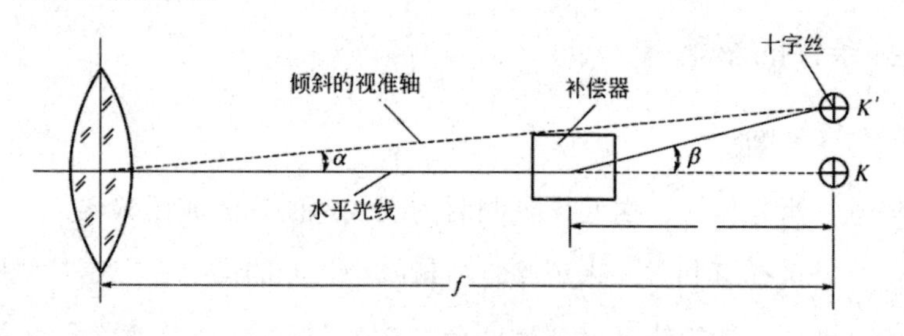

图 2-8　自动安平水准仪补偿器原理

（二）补偿装置的结构

当视准轴水平时，十字丝的交点位于水平视线 K 点处，这时水准仪的中丝读数即为水平视线的读数。当视准轴不水平、有不大于 10″的倾角时，十字丝的交点由 K 点移到 K' 点上，而水平视线应有的读数仍在 K 处，为了使这个读数移到十字丝的交点，在光路中装置一个补偿器，使光线偏转一个小角 β 而通过十字丝交点 K' 处，实现这种补偿的条件是 $f\alpha = s\beta = KK'$，式中 s 为补偿器至十字丝中心的距离。

采用悬吊式光学元件借助重力作用达到视线自动安平的或借助空气或磁性的阻尼装置稳定补偿器的摆动，补偿器安在望远镜光路上与十字丝相距 s 处，视线倾斜 α 角，水平视线经直角棱镜的反射，使之偏转 β 角，正好落在十字丝交点上，观测者仍能读到水平视线的读数。

（三）使用

圆水准器气泡居中后，即可瞄准水准尺进行读数。

六、电子水准仪与精密水准仪

（一）电子水准仪的原理及特点

电子水准仪又称数字水准仪，它是在自动安平水准仪的基础上发展起来的。电子水准仪可被认为是自动安平水准仪、CCD 相机（探测器）、微处理器和条纹编码标尺组合成的一个几何水准自动测量系统，它采用条纹编码标尺，人工完成照准和调焦之后，通过望远镜的分光镜面，将条纹编码标尺成像转换成数字信息，再利用数字图像处理技术来识别数字条码进而获得标尺读数和视距。由于照准标尺和调焦仍由观测者目视完成，所以也可使用传统水准尺，当成普通自动安平水准仪使用，但测量精度会降低。

电子水准仪与传统水准仪相比有以下特点：①观测值以数字显示，不存在观测员的判读错误及人为读数误差。②野外观测数据能自动记录，并存储在仪器内 PC 卡上，通过电脑输出观测值。③精度高。视线高和视距读数都是采用大量条码分划图像经处理后取平均得出来的，因此削弱了标尺分划误差的影响。多数仪器都有进行多次读数取平均的功能，可以削弱外界条件的影响。不熟练的作业人员也能进行高精度测量。④速度快。由于省去了报数、听记、现场计算的时间以及人为出错的重测数量，测量比传统仪器省时间。⑤效率高。只须调焦和按键就可以自动读数，减轻了劳动强度。⑥在光线极暗或极强的环境下仍能正常工作。在隧道内黑暗环境下作业时，借助手电等人工照明仍可测量。电子水准仪一般用于中精度和高精度水准测量，电子水准仪分两个精度等级：中等精度的标准差为 1.0~1.5mm/km，可用于三、四等水准测量；高精度的标准差为 0.3~0.4mm/km，可用于一、二等水准测量。

（二）精密水准仪的构造

为提高水准测量的精度，高等级水准测量必须采用精密水准仪进行观测。常用的精密水准仪有 S0.5 型和 S1 型，可用于国家一、二等水准测量和大型工程建筑物的施工测量及变形观测。

精密水准仪与普通水准仪相比，精密水准仪采用了高精度的水准管，其分划值为 5″~10″mm；望远镜的放大率也在 40 倍以上，同时为提高成像的亮度，望远镜物镜的孔径一般大于 50mm。精密水准仪在构造上与微倾水准仪主要区别是在自动安平水准仪上增加了一套光学测微装置，它由平行玻璃板、测微螺旋、传动杆和测微尺等部件组成。平行玻璃板安装在物镜的前面，其旋转轴与玻璃平面平行，且与望远镜视准轴正交。转动测微螺旋可使传动杆带动平行玻璃板转动，并在测微尺上读出其转动量。测微尺上有 100 格分划，每一格值为0.1mm或0.05mm。

大多数精密水准尺在木质尺身的槽内，镶嵌一铟钢带尺，带上标有刻度，数字注在尺边上。尺上有两排彼此错开的注记，右边一排注记从零开始，称为基本分划；左边一排为辅助分划。分划间距有1cm和0.5cm两种，基本分划和辅助分划的注记有一差数K，称为基辅差。

精密水准仪的使用方法与普通水准仪基本相同，现简述如下：①测站安置仪器并粗平。②瞄准标尺并消除视差。③精平是由仪器自动安平装置完成，观测时只须轻轻按动补偿器控制按钮，2秒后即可读数。④读数方法：转动测微螺旋，使十字丝的楔形丝夹住一基本分划，进行读数，并在读数窗中读取测微读数，二者相加得全读数；同法读取辅助分划读数。其读数与主读数应相差K值，由于存在读数误差，不可能完全相等，其差值应不超过国家规范要求。

第二节　角度测量

一、角度测量的基本概念

角度测量是测量的三项基本工作之一，角度测量包括水平角测量和竖直角测量。经纬仪是进行角度测量的主要仪器。

（一）水平角及其测量原理

1. 水平角定义

从一点发出的两条空间直线在水平面上投影的夹角即二面角，称为水平角。其范围：顺时针0°~360°。如图2-9所示，水平角$\angle AOB=\beta$。

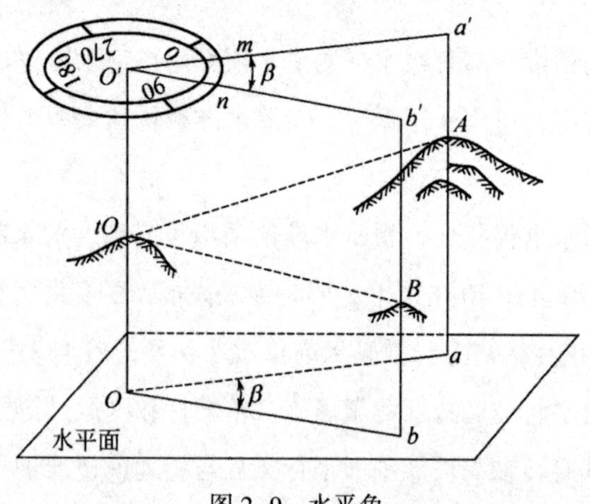

图2-9　水平角

测角仪器用来测量角度的必要条件是：①仪器的中心必须位于角顶的铅垂线上；②照准部设备（望远镜）要能上下、左右转动，上下转动时所形成的是竖直面；③要具有一个有刻度的度盘，并能安置成水平位置；④要有读数设备，读取投影方向的读数。

2. 竖直角定义

在同一竖直面内，目标视线与水平线的夹角，称为竖直角，其范围在0°～±90°。当视线位于水平线之上，竖直角为正，称为仰角；反之，当视线位于水平线之下，竖直角为负，称为俯角。

（二）光学经纬仪的使用

经纬仪是测量角度的仪器。按其精度分，有DJ6、DJ2两种，表示一测回方向观测中误差分别为6″、2″。

经纬仪的代号有DJ1、DJ2、DJ6、DJ10等。其中，“D”和“J”分别为大地测量和经纬仪的汉语拼音第一个字母；“6”和“2”指仪器的精密度，测回方向观测中误差不超过±6和±2。在工程中常用DJ2、DJ6型经纬仪，一般简称J2、J6经纬仪。

1. DJ6光学经纬仪的构造

经纬仪的基本构造包括照准部、水平度盘、基座三部分。

（1）照准部

照准部主要部件有望远镜、管水准器、竖直度盘、读数设备等。望远镜由物镜、目镜、十字丝分划板、调焦透镜组成。

望远镜的主要作用是照准目标，望远镜与横轴固连在一起，由望远镜制动螺旋和微动螺旋控制其做上、下转动。照准部可绕竖轴在水平方向转动，由照准部制动螺旋和微动螺旋控制其水平转动。

照准部水准管用于精确整平仪器。

竖直度盘是为了测竖直角设置的，可随望远镜一起转动。另设竖盘指标自动补偿器装置和开关，借助自动补偿器使读数指标处于正确位置。

读数设备，通过一系列光学棱镜将水平度盘和竖直度盘及测微器的分划都显示在读数显微镜内，通过仪器反光镜将光线反射到仪器内部，以便读取度盘读数。

另外，为了能将竖轴中心线安置在过测站点的铅垂线上，在经纬仪上都设有对点装置。

一般光学经纬仪都设置有垂球对点装置或光学对点装置，垂球对点装置是在中心螺旋下面装有垂球挂钩，将垂球挂在钩上即可；光学对点装置是通过安装在旋转轴中心的转向棱镜，将地面点成像在对点分划板上，通过对中目镜放大，同时看到地面点和对点分划板的影像，若地面点位于对点分划板中心，并且水准管气泡居中，则说明仪器中心与地面点位于同一铅垂线上。

（2）水平度盘

水平度盘是一个光学玻璃圆环，圆环上按顺时针刻画注记0°~360°分划线，主要用来测量水平角。观测水平角时，经常需要将某个起始方向的读数配置为预先指定的数值，称为水平度盘的配置，水平度盘的配置机构有复测机构和拨盘机构两种类型。北光仪器采用的是拨盘机构，当转动拨盘机构变换手轮时，水平度盘随之转动，水平读数发生变化，而照准部不动，当压住度盘变换手轮下的保险手柄，可将度盘变换手轮向里推进并转动，即可将度盘转动到需要的读数位置上。

（3）基座

基座主要是支承仪器上部并与三脚架起连接作用的一个构件，它主要由轴座、三个脚螺旋和底板组成。轴座是支承仪器的底座，照准部同水平度盘一起插入轴座，用固定螺丝固定。圆水准器用于粗略整平仪器，三个脚螺旋用于整平仪器，从而使竖轴竖直，水平度盘水平。连接板用于将仪器稳固地连接在三脚架上。

2. 分微尺装置的读数方法

如图2-10、2-11所示，DJ6光学经纬仪一般采用分微尺读数。在读数显微镜内，可以同时看到水平度盘和竖直度盘的像。注有“H”字样的是水平度盘，注有“V”字样的

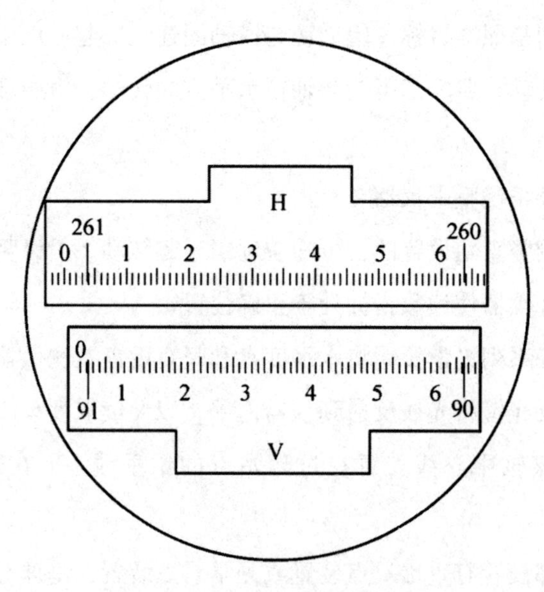

图2-10　望远镜读数窗

是竖直度盘，在水平度盘和竖直度盘上，相邻两分划线间的弧长所对的圆心角称为度盘的分划值。DJ6 光学经纬仪分划值为 1°，按顺时针方向每度注有度数，小于 1°的读数在分微尺上读取。读数窗内的分微尺有 60 小格，其长度等于度盘上间隔为 1°的两根分划线在读数窗中的影像长度。因此，测微尺上一小格的分划值为 1′，可估读到 0.1′，分微尺上的零分划线为读数指标线。

图 2-11　水平读盘分微尺读数

读数方法：瞄准目标后，将反光镜掀开，使读数显微镜内光线适中，然后转动、调节读数窗口的目镜调焦螺旋，使分划线清晰，并消除视差，直接读取度盘分划线注记读数及分微尺上 0 指标线到度盘分划线读数，两数相加，即得该目标方向的度盘读数，采用分微尺读数方法简单、直观。

3. DJ2 光学经纬仪的构造

与 DJ6 相比，增加了：

测微轮——用于读数时，对径分划线影像符合。

换像手轮——用于水平读数和竖直读数间的互换。

竖直读盘反光镜——竖直读数时反光。

4. DJ2 光学经纬仪的读数方法

在读数窗内一次只能看到一个度盘的影像。读数时，可通过转动换像手轮，转换所需要的度盘影像，以免读错度盘。当手轮面上，刻线处于水平位置时，显示水平度盘影像；当刻线处于竖直位置时，显示竖直度盘影像。采用数字式读数装置使读数简化，如图 2-12 所示，上窗数字为度数，读数窗上突出小方框中所注数字为整 10′；中间的小窗为分划线符合窗；下方的小窗为测微器读数窗。读数时瞄准目标后，转动测微轮使度盘对径分划线重合，度数由上窗读取，整 10′数由小方框中数字读取，小于 10′的由下方小窗中读取，如图 2-12 所示，读数为 122°24′54.8″。

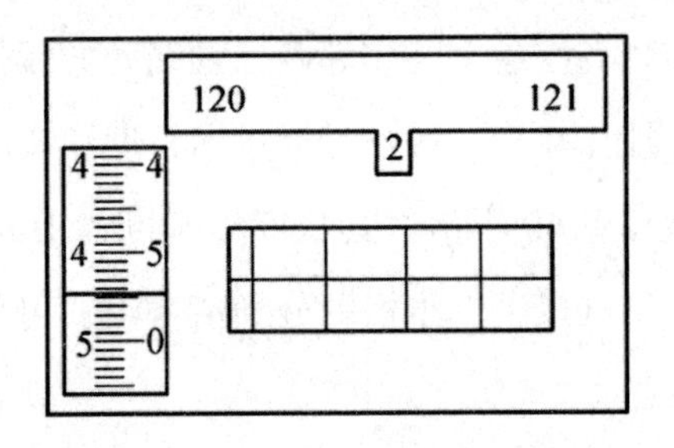

图 2-12　DJ2 数字读数

一般采用对径重合读数法即转动测微轮，使上、下分划线精确重合后读数。如图 2-13 所示，读数窗为度盘刻画的影像，最小分划值为 20′，左图小窗中为测微尺影像，左侧注记为分，右侧注记为秒。从 0′刻到 10′，最小分划值 1″，可估读到 0.1″。读数为 30°23′03.8″。

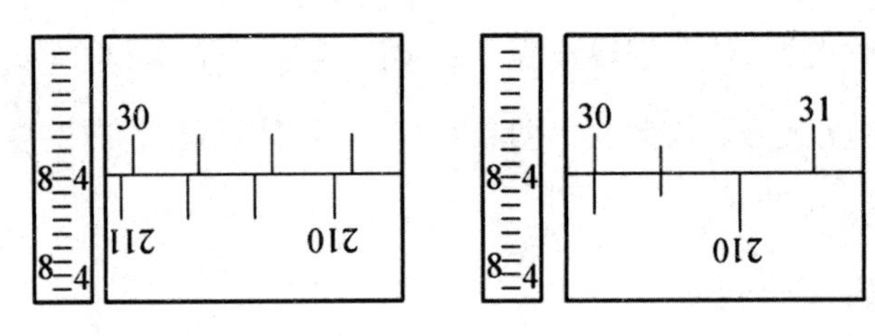

图 2-13　读数方法

（三）经纬仪的安置

1. 对中

对中的目的：使仪器的中心与测站点的中心位于同一铅垂线上。对中时可以使用垂球或光学对点器对中。

2. 整平

整平的目的：使仪器的竖轴处于铅垂位置，水平度盘处于水平状态。经纬仪的整平是通过调节脚螺旋，以照准部水准管为标准来进行的。

3. 光学对点器的经纬仪安置

对具有光学对点器的经纬仪，其对中和整平是互相影响的，应交替进行，直至对中、整平均满足要求为止。

具体操作方法如下：

（1）将三脚架安置于测站点上，目估使架头大致水平，同时注意仪器高度要适中，安上仪器，拧紧中心螺旋，转动目镜调整螺旋使对点器中心圈清晰，再拉伸镜筒，使测站点成像清晰，然后将一个架腿插入地面固定，用两手把握住另外两个架腿，并移动这两个架腿，直至测站点的中心位于圆圈的内边缘处或中心，停止转动脚架并将其踩实。注意基座面要基本水平。

（2）调节脚螺旋，使测站点中心处于圆圈中心位置。

（3）伸缩架腿，使圆气泡居中。

（4）调节脚螺旋，使水准管气泡居中。

（5）检查测站点是否位于圆圈中心，若相差很小，可轻轻平移基座，使其精确对中（注意仪器不可在基座面上转动），如此反复操作直到仪器对中和整平均满足要求为止。精度要求：对中，±≤3mm；整平，≤1 格。

整平是利用基座上的三个脚螺旋，使照准部水准管在相互垂直的两个方向上气泡都居中，具体做法如下：转动仪器照准部，使水准管平行于任意两个脚螺旋的连线方向，两手同时向内或向外旋转这两个（1、2）脚螺旋，使气泡居中，然后将照准部旋转 90°，调节第 3 个脚螺旋，使气泡居中。如此反复进行，直至照准部水准管在任意位置气泡均居中为止。

4. 照准和读数

测角时要照准目标，目标一般是竖立于地面上的标杆、测钎或觇牌。测水平角时，以望远镜十字丝的纵丝照准目标，操作方法是用光学瞄准器粗略瞄准目标，进行目镜对光，使十字丝清晰，调节物镜对光螺旋，使成像清晰，并注意消除视差的影响。准确照准目标方向，用十字丝的单丝和垂线重合、用垂线平分十字丝双丝。若为标杆、测钎等粗目标时，用十字丝的单丝平分目标，目标位于双丝中央。最后，按照前面所述的读数方法来进行读数。

（四）对点

测点通常以打入地面木桩上的小钉作为标志，测量时，由于距离远、地面起伏及植被的遮挡，不能直接从望远镜观看到小钉，需要用线正、测钎、花杆、铅笔竖立在小钉的铅垂线上供仪器照准，这项工作称为对点。对点的方法一般有三种，即花杆对点法、测钎或铅笔对点法和线铊对点法，应根据距离情况选用合适的方法。

1. 花杆对点

一般用于远距离对点（经验数据约为 500m），对点时花杆应竖直，对点者端正地面向司镜者，两脚分开与肩平齐，手握花杆上半截，这样可使花杆依靠自重直立于桩上测点，并使花杆铁尖离开铁钉少许，以保证对点正确。

2. 测钎或铅笔对点

这种方法一般在地面平坦，没有杂草阻碍视线，从望远镜中能直接看到测钎或铅笔尖时使用，测钎或铅笔尖要竖直。因目标为深色，在光线较暗、距离较远时往往模糊不清，可在测钎后方用白纸衬托，以便使照准目标清晰。

3. 线铊对点

线铊对点是施工现场最常用、最准确的方法，以下介绍三种常用方法。

（1）使用线铊架对点

简易线铊架制作方法：将三根细竹竿上端用细绳捆扎，杈开下端即成，中间吊一线正移动竹竿使线铊尖对准测点。此法准确、平稳，用于对点次数较多的点。

（2）单手吊挂线铊对点

将花杆斜插在测站与测点连线方向的一侧（左或右）30~50cm 的地上，使花杆与地面约成45°交角，用手的四指夹握在花杆上，用拇指吊挂线铊，使线铊尖对准桩上小钉。对点时思想要集中，身体要站稳，为了防止线铊摆动，照准垂线一刹那，应全神贯注，暂屏呼吸，司镜者迅速照准垂线。

（3）两手合执线铊对点

面对仪器坐在测点后方，两肘放在两膝上，两手合执线铊弦线，使线花尖对准桩上小钉，对准测点中心的瞬间应全神贯注，暂屏呼吸，防止垂线摆动。

二、角度测量

水平角的测量方法是根据测量工作的精度要求、观测目标的多少及所用的仪器而定，一般有测回法和方向观测法两种。

（一）测回法

测回法适用于在一个测站有两个观测方向的水平角观测。如图 2-14 所示，设要观测的水平角为 $\angle AOB$，先在目标点 A、B 设置观测标志，在测站点 O 安置经纬仪，然后分别瞄准 A、B 两目标点进行读数，水平度盘两个读数之差即为要测的水平角。为了消除水平角观测中的某些误差，通常对同一角度要进行盘左、盘右两个盘位观测（观测者对着望远镜目镜时，竖盘位于望远镜左侧，称盘左，又称正镜；当竖盘位于望远镜右侧时，称盘右，又称倒镜）。盘左位置观测，称为上半测回；盘右位置观测，称为下半测回；上、下两个半测回合称为一个测回。

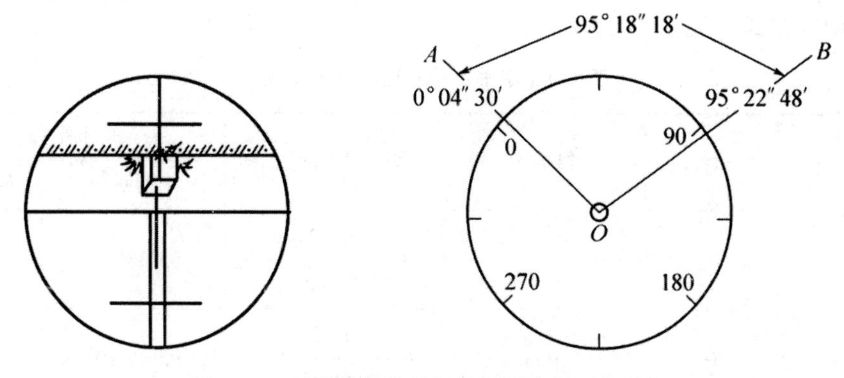

图 2-14 经纬仪瞄准目标及测回法观测水平角

具体步骤：

1. 安置仪器于测站点 O 上，对中、整平。

2. 盘左位置瞄准 A 目标，读取水平度盘读数为 a_1，设为 0°04′30″，记入记录手簿表 2-1 盘左 A 目标水平读数一栏。

3. 松开制动螺旋，顺时针方向转动照准部，瞄准 B 点，读取水平度盘读数为 b_1，设为 95°22′48″，记入记录手簿表 2-1 盘左 B 目标水平读数一栏；此时完成上半个测回的观测，即：$\beta_{左} = b_1 - a_1$。

4. 松开制动螺旋，倒转望远镜成盘右位置，瞄准 3 点，读取水平度盘的读数为 b_2，设为 277°19′12″，记入记录手簿表 2-1 盘右 B 目标水平读数一栏。

5. 松开制动螺旋，顺时针方向转动照准部，瞄准/点，读取水平度盘读数为 a_2，设为 182°00′42″，记入记录手簿表 2-1 盘右 A 目标水平读数一栏；此时完成下半个测回观测，即

$$\beta_{右} = b_2 - a_2$$

上、下半测回合称为一个测回，取盘左、盘右所得角值的算术平均值作为该角的一测回角值，即

$$\beta = \frac{\beta_{左} + \beta_{右}}{2}$$

测回法的限差规定：一是两个半测回角值较差；二是各测回角值较差。对于精度要求不同的水平角，有不同的规定限差。当要求提高测角精度时，往往要观测 n 个测回，每个测回可按变动值概略公式 $\frac{180°}{n}$ 的差数改变度盘起始读数，其中 n 为测回数，例如测回数 $n=4$，则各测回的起始方向读数应等于或略大于 0°、45°、90°、135°，这样做的主要目的是减弱度盘刻画不均匀造成的误差。

（6）记录格式（见表 2-1）。

表 2-1　水平角观测记录（测回法）

测站	盘位	目标	水平度盘读数	水平角	
				半测回角	值测回值
O	左	*A*	0°04′30″	95°18′18″	95°18′24″
		B	95°22′48″		
	右	*B*	277°19′12″	95°18′30″	
		A	182°00′42″		

若要观测 n 个测回，为减少度盘分划误差，各测回间应按 $\frac{180°}{n}$ 的差值来配置水平度盘。

（二）方向观测法

当一个测站有三个或三个以上的观测方向时，应采用方向观测法进行水平角观测，方向观测法是以所选定的起始方向（零方向）开始，依次观测各方向相对于起始方向的水平角值，也称方向值。两任意方向值之差，就是这两个方向之间的水平角值。如图 2-15 所示，为三个观测方向，须采用方向观测法进行观测，现就其观测、记录、计算及精度要求做如下介绍。

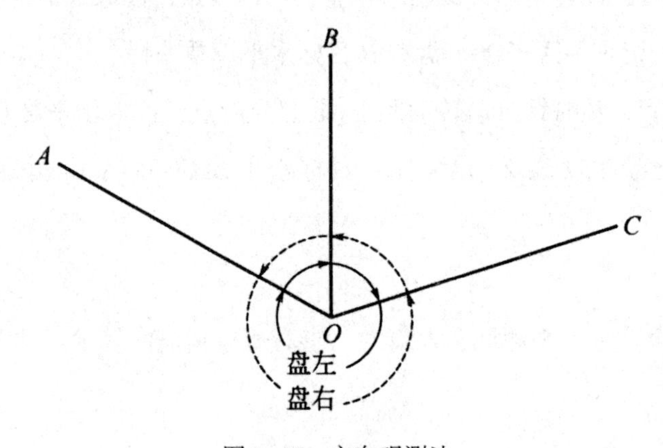

图 2-15　方向观测法

1. 观测步骤

（1）安置经纬仪于测站点 *O*，对中、整平。

（2）盘左位置瞄准起始方向（也称零方向）*A* 点，并配置水平度盘读数使其略大于零。转动测微轮使对经分划吻合，读取 *A* 方向水平度盘读数，同样以顺时针方向转动照准部，依次瞄准 *B*、*C* 点读数。为了检查水平度盘在观测过程中有无带动，最后再一次瞄准 *A* 点读数，称为归零。

每一次照准要求测微器两次重合读数，将方向读数按观测顺序自上而下记入观测记录手簿表 2-2。以上称为上半个测回。

（3）盘右位置瞄准 4 点读取水平度盘的读数，逆时针方向转动照准部，依次瞄准 B 、C、A 点，将方向读数按观测顺序自下而上记入观测记录手簿表 2-2。以上称为下半个测回。

上、下半测回合称为一个测回。需要观测多个测回时，各测回间应按 $\frac{180°}{n}$ 变换度盘位置。精密测角时，每个测回照准起始方向时，应改变度盘和测微盘位置的读数，使读数均匀分布在整个度盘和测微盘上。安置方法：照准目标后，用测微轮安置分、秒数，转动拨盘手轮安置整度及整 10 分的数；然后将拨盘手轮弹起即可。例如用 DJ2 级仪器时，各测回起始方向的安置读数按下式计算：

$$R = \frac{180°}{n}(i-1) + 10'(i-1) + \frac{600''}{n}\left(i - \frac{1}{2}\right)$$

式中，n ——总测回数。

i ——该测回序数。

2. 计算方法与步骤

（1）半测回归零差的计算：每半测回零方向有两个读数，它们的差值称为归零差。表 2-2 中第一测回上、下半测回归零差分别为盘左 12″-06″=+6″，盘右 18″-24″=-06″。

（2）计算一个测回各方向的平均读数：平均值=［盘左读数+（盘右读数±180°）］/2。例如：B 方向平均读数=1/2［69°20′30″+（249°20′24″-180°）］=69°20′27″，填入第 6 栏。

（3）计算起始方向值：第 7 栏两个/方向的平均值 1/2（00°01′15″+00°01′13″）= 00°00′14″，填写在第 7 栏。

（4）计算归零后方向值：将各方向平均值分别减去零方向平均值，即得各方向归零方向值。注意：零方向观测两次，应将平均值再取平均。

表 2-2　水平角观测记录（方向观测法）

测站	测回数	目标	水平度盘读数		平均读数	方向值	归零方向值	角值
			盘左	盘右				
O	1	A	00°01′06″	180°01′24″	00°01′15″	00°01′14″	00°00′00″	69°19′13″
		B	69°20′30″	249°20′24″	69°20′27″		69°19′13″	55°33′00″
		C	124°51′24″	304°51′30″	124°51′27″		124°50′13″	
		A	00°01′12″	180°01′14″	00°01′13″			

三、竖直角观测的方法

（一）竖直角测量原理

1. 竖直角概念

竖直角是指某一方向与其在同一铅垂面内的水平线所夹的角度。由图 2-16 可知，同一铅垂面上，空间方向线 *AB* 和水平线所夹的角 α 就是 *AB* 方向与水平线的竖直角。如图 2-16 所示，若方向线在水平线之上，竖直角为仰角，用“$+\alpha$”表示；若方向线在水平线之下，竖直角为俯角，用“$-\alpha$”表示。其角值范围为 0°~90°。

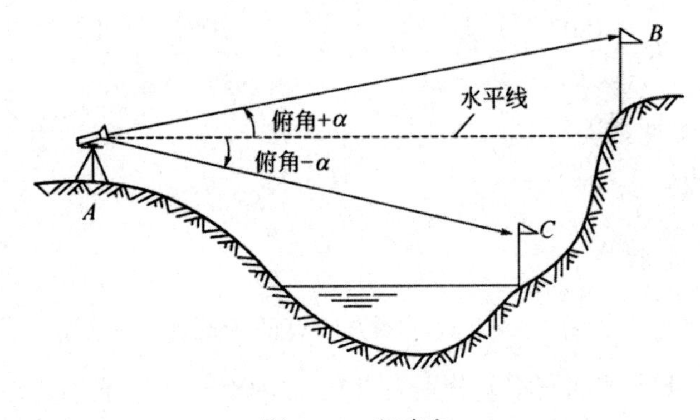

图 2-16　竖直角

2. 竖直角测量的原理

在望远镜横轴的一端竖直设置一个刻度盘（竖直度盘），竖直度盘中心与望远镜横轴中心重合，度盘平面与横轴轴线垂直，视线水平时指标线为一固定读数。当望远镜瞄准目标时，竖盘随着转动，则望远镜照准目标的方向线读数与水平方向上的固定读数之差为竖直角。

根据上述测量水平角和竖直角的要求，设计制造的一种测角仪器称为经纬仪。

（二）竖直度盘的构造

竖直度盘是固定安装在望远镜旋转轴（横轴）的一端，其刻画中心与横轴的旋转中心重合，所以在望远镜做竖直方向旋转时，度盘也随之转动。分微尺的零分划线作为读数指标线，相对于转动的竖盘是固定不动的。根据竖直角的测量原理，竖直角 α 是视线读数与水平线的读数之差，水平方向线的读数是固定数值，所以当竖盘转动在不同位置时用读数指标读取视线读数，就可以计算出竖直角。

竖直度盘的刻画有全圆顺时针和全圆逆时针两种。如图 2-17 所示盘左位置，图（a）

为全圆逆时针方向注字，图（b）为全圆顺时针方向注字。当视线水平时指标线所指的盘左读数为 90°，盘右为 270°，对于竖盘指标的要求是，始终能够读出与竖盘刻画中心在同一铅垂线上的竖盘读数。为了满足这一个要求，早期的光学经纬仪多采用水准管竖盘结构，这种结构将读数指标与竖盘水准管固连在一起，转动竖盘水准管定平螺旋，使气泡居中，读数指标处于正确位置，可以读数。现代的仪器则采用自动补偿器竖盘结构，这种结构是借助一组棱镜的折射原理，自动使读数指标处于正确位置，也称为自动归零装置，整平和瞄准目标后，能立即读数，因此操作简便，读数准确，速度快。

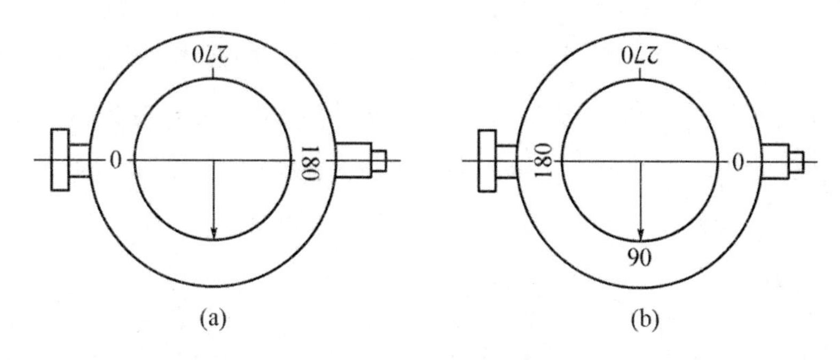

图 2-17　竖直度盘的注记形式

（三）竖直角的计算

竖直角是指某一方向与其在同一铅垂面内的水平线所夹的角度，则视线方向读数与水平线读数之差即为竖直角值。其水平线读数为一固定值，实际只须观测目标方向的竖盘读数。度盘的刻画注记形式不同，用不同盘位进行观测，视线水平时读数不相同。因此，竖直角计算应根据不同度盘的刻画注记形式相对应的计算公式计算所测目标的竖直角。下面以顺时针方向注字形式说明竖直角的计算方法及如何确定计算式。

如图 2-17（a）和（b）所示，盘左位置，视线水平时读数为 90°。望远镜上仰，视线向上倾斜，指标处读数减小，根据竖直角定义仰角为正，则盘左时竖直角计算公式为下式，如果 $L > 90°$，竖直角为负值，表示是俯角。

$$\alpha_L = 90° - L$$

式中，L——盘左竖盘读数。

盘右位置，视线水平时读数为 270°。望远镜上仰，视线向上倾斜，指标处读数增大，根据竖直角定义仰角为正，则盘右时竖直角计算公式为下式，如果 $R < 270°$，竖直角为负值，表示是俯角。

$$\alpha_R = R - 270°$$

式中，R——盘右竖盘读数。

为了提高竖直角精度，取盘左、盘右的平均值作为最后结果，如下式：

$$\alpha = \frac{\alpha_L + \alpha_R}{2} = \frac{1}{2}(R - L - 180°)$$

同理，可推出全圆逆时针刻画注记的竖直角计算公式，如：

$$\alpha_L = L - 90°$$

$$\alpha_R = 270° - R$$

（四）竖盘指标差

上述竖直角计算公式是依据竖盘的构造和注记特点，即视线水平，竖盘自动归零时，竖盘指标应指在正确的读数 90°或 270°上。但因仪器在使用过程中受到震动或者制造上不严密，使指标位置偏移，导致视线水平时的读数与正确读数有一差值，此差值称为竖盘指标差，用 x 表示。由于指标差存在，盘左读数和盘右读数都差了一个 x 值。

盘左竖直角值：

$$\alpha = 90° - (L - x) = \alpha_L + x$$

盘右竖直角值：

$$\alpha = (R - x) - 270° = \alpha_R - x$$

将两式相加并除以 2 得：

$$\alpha = \frac{\alpha_L + \alpha_R}{2} = \frac{R - L - 180°}{2}$$

用盘左、盘右测得竖直角取平均值，可以消除指标差的影响。

将两式相减得指标差计算公式：

$$x = \frac{\alpha_R - \alpha_L}{2} = \frac{1}{2}(L + R - 360°)$$

用单盘位观测时，应加指标差改正，可以得到正确的竖直角。当指标偏移方向与竖盘注记的方向相同时指标差为正，反之为负。

以上各公式是按顺时针方向注字形式推导的，同理可推出逆时针方向注字形式计算公式。

由上述可知，测量竖直角时，盘左、盘右观测取平值可以消除指标差对竖直角的影响。对同一台仪器的指标差，在短时间段内理论上为定值，即使受外界条件变化和观测误差的影响，也不会有大的变化。因此，在精度要求不高时，先测定 x 值，以后观测时可以用单盘位观测，加指标差改正得正确的竖直角。

在竖直角测量中，常以指标差检验观测成果的质量，即在观测不同的测回中或不同的目标时，指标差的互差不应超过规定的限制。例如，用 DJ6 级经纬仪做一般工作时指标差互差不超过 25″。

四、光学经纬仪的检验与校正

（一）经纬仪各轴线间应满足的几何关系

经纬仪是根据水平角和竖直角的测角原理制造的，当水准管气泡居中时，仪器旋转轴竖直、水平度盘水平，则要求水准管轴垂直竖轴。测水平角要求望远镜绕横轴旋转为一个竖直面，就必须保证视准轴垂直横轴。另一点保证竖轴竖直时，横轴水平，则要求横轴垂直竖轴。照准目标使用竖丝，只有横轴水平时竖丝竖直，则要求十字丝竖丝垂直横轴。为使测角达到一定精度，仪器其他状态也应达到一定标准。综上所述，经纬仪应满足的基本几何关系，如图 2-18 所示。

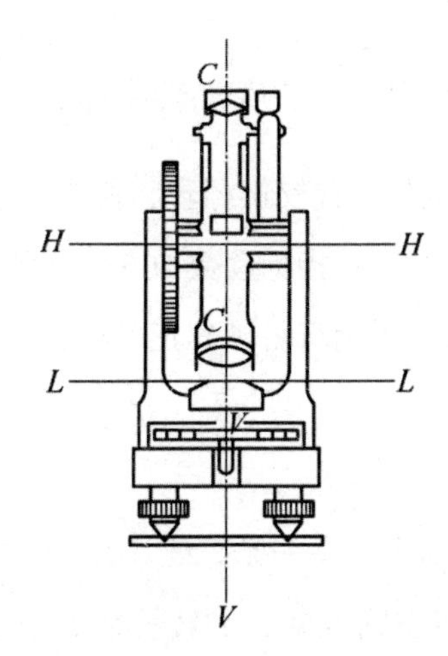

图 2-18　经纬仪主要轴线关系

①照准部水准管轴垂直于仪器竖轴（$LL \perp VV$）；②望远镜视准轴垂直于仪器横轴（$CC \perp HH$）；③仪器横轴垂直于仪器竖轴（$HH \perp VV$）；④望远镜十字丝竖丝垂直于仪器横轴；⑤竖盘指标应处于正确位置；⑥光学对中器视准轴应该与竖轴中心线重合。

（二）经纬仪的检验与校正

1. 照准部水准管轴垂直于仪器竖轴的检验与校正

目的：使水准管轴垂直于竖轴。

检验方法：①调节脚螺旋，使水准管气泡居中；②将照准部旋转 180°，看气泡是否居中，如果仍然居中，说明满足条件，无须校正，否则需要进行校正。

校正方法：①在检验的基础上调节脚螺旋，使气泡向中心移动偏移量的一半；②用拨针拨动水准管一端的校正螺旋，使气泡居中。

此项检验和校正须反复进行，直到气泡在任何方向偏离值在1/2格以内。另外，经纬仪上若有圆水准器，也应对其进行检校，当管水准器校正完善并对仪器精确整平后，圆水准器的气泡也应该居中，如果不居中，应拨动其校正螺丝使其居中。

2. 望远镜视准轴垂直于仪器横轴的检验与校正

目的：使视准轴垂直于仪器横轴，若视准轴不垂直于横轴，则偏差角为 c ，称之为视准轴误差，视准轴误差的检验与校正方法，通常有度盘读数法和标尺法两种。

（1）度盘读数法

检验方法：①安置仪器，盘左瞄准远处与仪器大致同高的一点 A ，读水平度盘读数为 b_1；②倒转望远镜，盘右再瞄准 A 点，读水平度盘读数为 b_2；③若 $b_1 - b_2 = \pm 180°$ 则满足条件，无须校正，否则需要进行校正。

校正方法：①转动水平微动螺旋，使度盘读数对准正确的读数。$b = \frac{1}{2}[b_1 + (b_2 \pm 180°)]$ 。②用拨针拨动十字丝环左、右校正螺丝，使十字丝竖丝瞄准A点。上述方法简便，在任何场地都可以进行，但对于单指标读数DJ6级经纬仪，仅在水平度盘无偏心或偏心差影响小于估读误差时才有效，否则将得不到正确结果。

（2）标尺法

①检验方法

如图2-19所示，在平坦地面上选择一条直线 AB ，长60~100m，在 AB 中点 O 架仪，并在 B 点垂直横置一小尺。用盘左瞄准 A ，倒转镜在 B 点小尺上读取 B_1；再用盘右瞄准 A ，倒镜在 B 点小尺上读取 B_2。J6：$2c \geqslant 60''$；J2：$2c \geqslant 30''$时，则须校正。

$$c = \frac{B_1B_2}{4OB} \times \rho$$

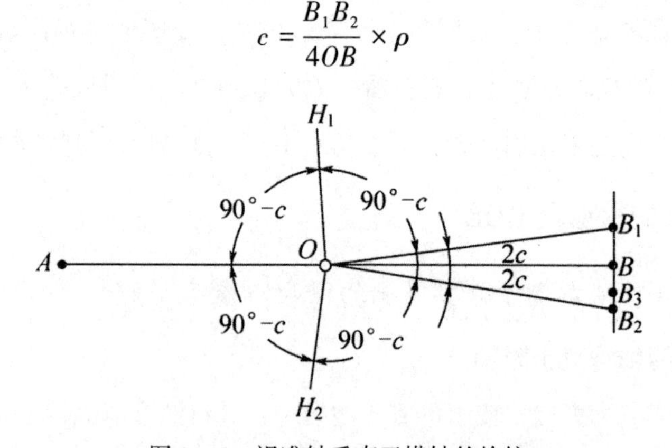

图2-19　视准轴垂直于横轴的检校

②校正方法

拨动十字丝左、右两个校正螺丝，使十字丝交点由 B_2 点移至 BB_2 位的中点 B_3。

3. 仪器横轴垂直于仪器竖轴的检验与校正

（1）检验方法

如图 2-20 所示，在 20~30m 处的墙上选一仰角大于 30°的目标点 P，先用盘左瞄准 P 点，放平望远镜，在墙上定出 P_1 点；再用盘右瞄准 P 点，放平望远镜，在墙上定出 P_2 点。

$$i = \frac{P_1P_2}{2D \cdot \tan\alpha} \cdot \rho$$

J6：$i \geqslant 20''$时，则须校正。

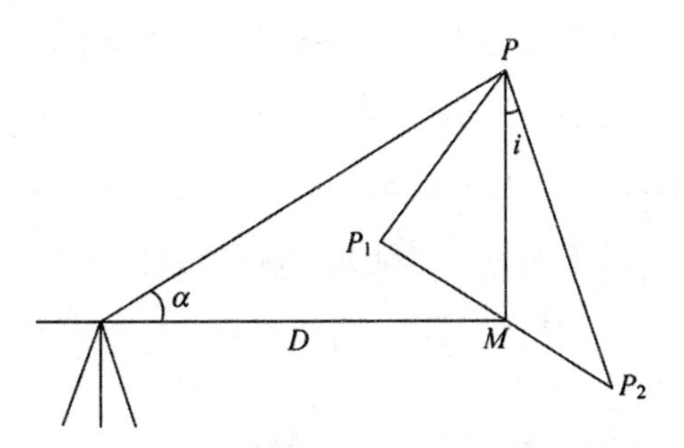

图 2-20　横轴垂直于竖轴的检验

（2）校正方法

①取 P_1P_2 连线的中点 M，使十字丝交点找准 M 点；②抬高望远镜照准高处点 P，此时十字丝交点已偏离 P 到 P' 处；③抬高或降低经纬仪横轴的一端使 P 与 P' 重合；④此项校正一般由仪器检修人员进行。

4. 望远镜十字丝竖丝垂直于横轴的检验和校正

目的：使十字丝的竖丝垂直于横轴。

检验方法：①精确整平仪器，用竖丝的一端瞄准一个固定点，旋紧水平制动螺旋和望远镜制动螺旋；②转动望远镜微动螺旋，观察“·”点，是否始终在竖丝上移动，若始终在竖丝上移动，说明满足条件，否则需要进行校正。

校正方法：①拧下目镜前面的十字丝的护盖，松开十字丝环的压环螺丝；②转动十字丝环，使竖丝到达竖直位置，然后将松开的螺丝拧紧。此项检验校正工作须反复进行。

5. 竖盘指标差的检验和校正

目的：使竖盘指标处于正确位置。

检验方法：①仪器整平后，盘左瞄准 A 目标，读取竖盘读数为 L，并计算竖直角 α_L；

②盘右瞄准 A 目标，读取竖盘读数为 R，并计算竖直角 α_R。

如果 $\alpha_L=\alpha_R$，无须校正；否则需要进行校正。由于现在的经纬仪都具有自动归零补偿器，此项校正应由仪器检修人员进行。

6. 光学对中器的检验和校正

目的：使光学对中器的视准轴与仪器的竖轴中心线重合。

检验方法：①严格整平仪器，在脚架的中央地面上放置一张白纸，在白纸上画一十字形标志 a_1。②移动白纸，使对中器视场中的小圆圈对准标志。③将照准部在水平方向转动180°，如果小圆圈中心仍对准标志，说明满足条件，无须校正；如果小圆圈中心偏 a 标志，而得到另一点 a_2，则说明不满足条件，需要进行校正。

校正方法：定出 a_1、a_2 两点的中点 a，用拨针拨对中器的校正螺丝，使小圆圈中心对准 a 点，这项校正一般由仪器检修人员进行。

注意：这六项检验与校正的顺序不能颠倒，而且水准管轴应垂直于竖轴是其他几项检验与校正的基础，这一条件若不满足，其他几项的检校就不能进行，竖轴倾斜而引起的测角误差，不能用盘左、盘右观测加以消除，所以这项检验校正必须认真进行。

五、角度测量的误差来源及注意事项

角度测量的精度受各方面的影响，误差主要来源于三个方面：仪器误差、观测误差及外界环境产生的误差。

（一）仪器误差

仪器本身制造不精密、结构不完善及检校后的残余误差，例如，照准部的旋转中心与水平度盘中心不重合而产生的误差、视准轴不垂直于横轴的误差、横轴不垂直于竖轴的误差。此三项误差都可以采用盘左、盘右两个位置取平均数来减弱；度盘刻画不均匀的误差可以采用变换度盘位置的方法来进行消除；竖轴倾斜误差，此项误差对水平角观测的影响不能采用盘左、盘右取平均数来减弱，观测目标越高，影响越大，因此在山地测量时更应严格整平仪器。

（二）观测误差

1. 对中误差

安置经纬仪没有严格对中，使仪器中心与测站中心不在同一铅垂线上引起的角度误差，称对中误差。仪器中心 O 在安置仪器时偏离测站点中心，对中误差与距离、角度大小有关，当观测方向与偏心方向越接近90°，距离越短，偏心距 e 越大，对水平角的影响越大。为了减少此项误差的影响，在测角时，应提高对中精度。

2. 目标偏心误差

在测量时，照准目标时往往不是直接瞄准地面点上标志点的本身，而是瞄准标志点上的目标，要求照准点的目标应严格位于点的铅垂线上，若安置目标偏离地面点中心或目标倾斜，照准目标的部位偏离照准点中心的大小称为目标偏心误差。目标偏心误差对观测方向的影响与偏心距和边长有关，偏心距越大，边长越短，影响也就越大。因此，照准花杆目标时，应尽可能照准花杆底部，当测角边长较短时，应当用线铊对点。

3. 照准误差和读数误差

照准误差与望远镜放大率、人眼分辨率、目标形状、光亮程度、对光时是否消除视差等因素有关。测量时选择观测目标要清晰，仔细操作消除视差。读数误差与读数设备、照明及观测者判断准确性有关。读数时，要仔细调节读数显微镜，调节读数窗的光亮适中。掌握估读小数的方法。

（三）外界环境产生的误差

外界条件影响因素很多，也很复杂，如温度、风力、大气折光等因素均会对角度观测产生影响。为了减少误差的影响，应选择有利的观测时间，避开不利因素，如在晴天观测时应撑伞遮阳，防止仪器暴晒，中午最好不要观测。

（四）角度测量的注意事项

用经纬仪测角时，往往由于粗心大意而产生错误，如测角时仪器没有对中整平、望远镜瞄准目标不正确、度盘读数读错、记录错误和读数前未旋进制动螺旋等。因此，角度测量时必须注意下列几点：①仪器安置的高度要合适，三脚架要踩牢，仪器与脚架连接要牢固；观测时不要手扶或碰动三脚架，转动照准部和使用各种螺旋时，用力要适中，可转动即可。②对中、整平要准确，测角精度要求越高或边长越短的，对中要求越严格；如观测的目标之间高低相差较大时，更应注意仪器整平。③在水平角观测过程中，如同一测回内发现照准部水准管气泡偏离居中位置，不允许重新调整水准管使气泡居中；若气泡偏离中央超过一格时，则须重新整平仪器，重新观测。④观测竖直角时，每次读数之前，必须使竖盘指标水准管气泡居中或自动归零开关设置“ON”位置。⑤标杆要立直于测点上，尽可能用十字丝交点瞄准对中杆的底部；竖直角观测时，宜用十字丝中丝切于目标的指定部位。⑥不要把水平度盘和竖直度盘读数弄混淆；记录要清楚，并当场计算校核，若误差超限应查明原因并重新观测。

第三章 距离测量与直线定向

第一节 钢尺、视距及光电测距

距离测量是确定地面点位的基本测量工作之一。距离测量是指测量地面两点之间的水平距离。水平距离是指地面上两点垂直投影到水平面上的直线距离。直线定向是指确定地面两点垂直投影到水平面上的连线方向，一般用方位角表示直线的方向。根据使用工具和方法的不同，分为钢尺量距、视距测量和光电测距。

一、钢尺量距

（一）钢尺测量工具

距离丈量常用的工具有钢尺、皮尺和辅助工具。其中，辅助工具包括标杆（花杆）、测钎、垂球等。

1. 钢尺

钢尺是用薄钢片制成的带状尺，可卷入金属圆盒内，故又称钢卷尺。钢尺尺宽为10~15 mm，厚度为0.1~0.4 mm，长度有20 m、30 m和50 m三种。尺面在每厘米、分米和米处注有数字注记，有的钢尺仅在尺的起点10 cm内有毫米分划，而有的钢尺全长内都刻有毫米分划。

按尺上零点位置的不同，钢尺可分为端点尺和刻线尺。尺的零点是从尺环端起始的，称为端点尺，在尺的前端刻有零分划线的称为刻线尺。端点尺多用于建筑，刻线尺多用于地面点的丈量工作。

钢尺抗拉强度高，不易拉伸，所以量距精度较高，在工程测量中常用钢尺量距。钢尺性脆，易折断，易生锈，使用时要避免扭折，且防止受潮。

2. 皮尺

皮尺是用麻线和金属丝织成的带状尺，表面涂有防腐油漆，长度有 20 m、30 m、50 m 三种。皮尺基本分划为厘米，在分米和整米处有注记数字，尺前端铜环的端点为尺的零点。使用皮尺量距时，要有标杆和测钎的配合，当丈量距离大于尺长或虽然丈量距离小于尺长但地面起伏较大时，用标杆支撑皮尺段两端量距可引导方向，以免量歪。皮尺受潮易收缩，受拉易伸长，长度变化较大，因此，只适用于精度要求较低的距离丈量中。

3. 辅助工具

（1）标杆

标杆多用木料或铝合金制成，直径约为 3 cm，杆长为 2 m 或 3 m，杆上油漆成红、白相间的 20 cm 色段，非常醒目，杆的下端装有尖头的铁脚，以便插入地下或对准点位，作为照准标志。

（2）测钎

测钎是用直径为 3~6 mm，长度为 30~40 cm 的钢筋制成，上部弯成小圈，下端磨成尖状，钎上可用油漆涂成红、白相间的色段，通常以 6 根或 11 根组成一组。量距时，将测钎插入地面，用以标定尺的端点位置和计算整尺段数，也可作为照准标志。

（3）垂球

垂球用金属制成，上大下尖，呈圆锥形，上端中心系一细绳，悬吊后，要求垂球尖与细绳在同一垂线上。它常用于在斜坡上丈量水平距离。

（二）直线定线

当地面两点之间的距离大于钢尺的一个尺段时，就需要在直线方向上标定若干个分段点，以便于用钢尺分段丈量，这项工作称为直线定线。

1. 目测定线

目测定线就是用目测的方法，用标杆将直线上的分段点标定出来。如图 3-1 所示，*MN* 是地面上互相通视的两个固定点，*C*、*D* 等为待定分段点。定线时，先在 *M*、*N* 点上竖立标杆，测量员甲位于 *M* 点后 1~2 m 处，视线将 *M*、*N* 两标杆同一侧相连成线，然后指挥测量员乙持标杆在 *C* 点附近左右移动标杆，直至三根标杆的同侧重合到一起时为止。同法可定出 *MN* 方向上的其他分段点。定线时要将标杆竖直。在平坦地区，定线工作常与丈量距离同时进行，即边定线边丈量。

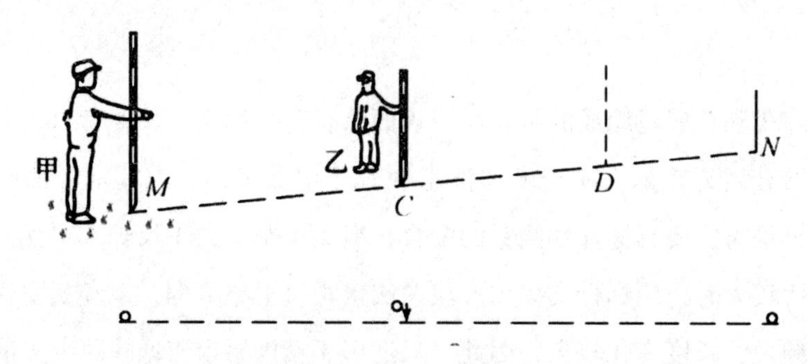

图 3-1　目测定线

2. 过高地定线

如图 3-2 所示，M、N 两点在高地两侧，互不通视，欲在 M、N 两点之间标定直线，可采用逐渐趋近法。先在 M、N 两点竖立标杆，甲、乙两人各持标杆分别选择 O_1 和 P_1 处站立，要求 N、P_1、O_1 位于同一直线上，且甲能看到 N 点，乙能看到 M 点。可先由甲站在 O_1 处指挥乙移动至 NO_1 直线上的 P_1 处。然后，由站在 P_1 处的乙指挥甲移动至 MP_1 直线上的 O_2 点，要求 O_2 能看到 N 点，接着再由站在 O_2 处的甲指挥乙移至能看到 M 点的 P_2 处，这样逐渐趋近，直到 O、F、N 在一直线上，同时，M、O、P 也在一直线上，这时说明 M、O、F、N 均在同一直线上。

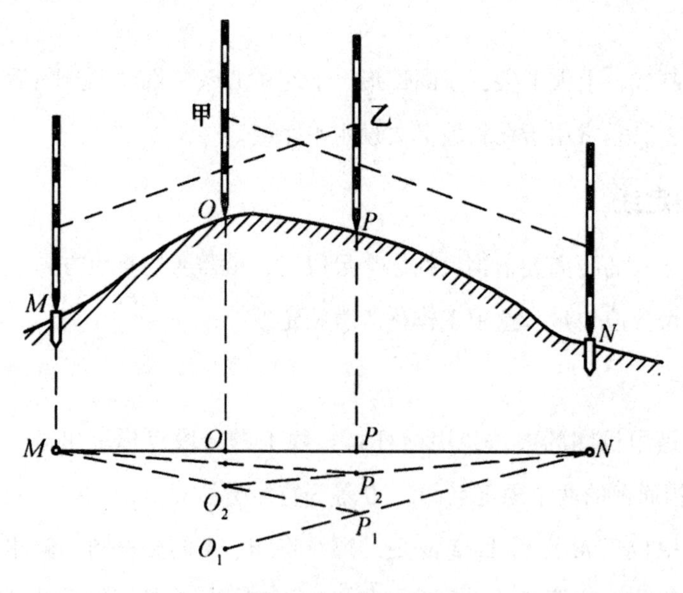

图 3-2　过高地定线

3. 经纬仪定线

若量距的精度要求较高或两端点距离较长，宜采用经纬仪定线。如图 3-3 所示，欲在 MN 直线上定出 1、2、3 点。在 M 点安置经纬仪，对中、整平后，用十字丝交点瞄准 N 点标杆根部尖端，然后制动照准部，望远镜可以上、下移动，并根据定点的远近进行望远镜对光，指挥标杆左右移动，直至1点标杆下部尖端与竖丝重合为止。2、3点的标定，只须将望远镜的俯角变化即可。

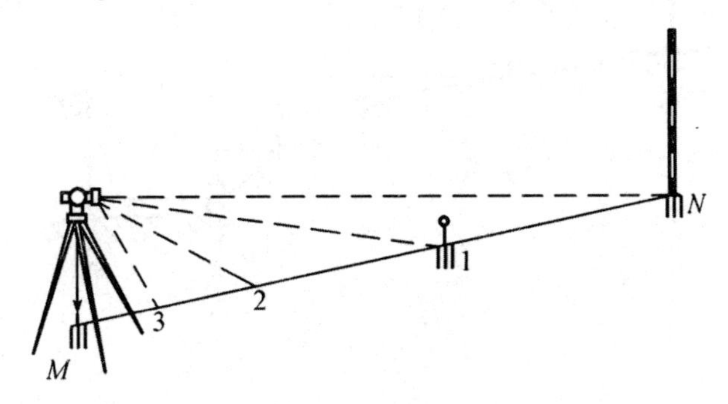

图3-3 经纬仪定线

（三）钢尺测量的方法

1. 钢尺量距的一般方法

（1）平坦地面的距离丈量

当地面平坦时，可沿地面直接丈量水平距离：先在地面定出直线方向，然后逐段丈量。

直线的水平距离按下式计算：

$$D = N \cdot l + q$$

式中，N——整尺段数。

l——钢尺的一整尺段长（m）。

q——不足一整尺的零尺段的长（m）。

丈量时，后尺手持钢尺零点一端，前尺手持钢尺末端，常用测钎标定尺段端点位置。丈量时应注意沿着直线方向，钢尺须拉紧伸直而无卷曲。直线丈量时，尽量以整尺段丈量，最后丈量余长，以方便计算。丈量时应记清楚整尺段数，或用测钎数表示整尺段数。

在平坦地面丈量所得的长度即为水平距离。为了防止错误和提高丈量距离的精度，需要边定线边丈量，进行往、返测，往、返各丈量一次称为一个测回。

（2）倾斜地面的距离丈量

①平量法

当两点之间高差不大时，可抬高钢尺的一端，使尺身水平进行丈量。如图3-4所示，丈量由M向N进行，后尺手将尺的零端对准M点，前尺手将尺抬高，并且目估使尺子水平，用垂球尖将尺段的末端投于MN方向线地面上，再插以测钎。依次进行，丈量MN的水平距离。

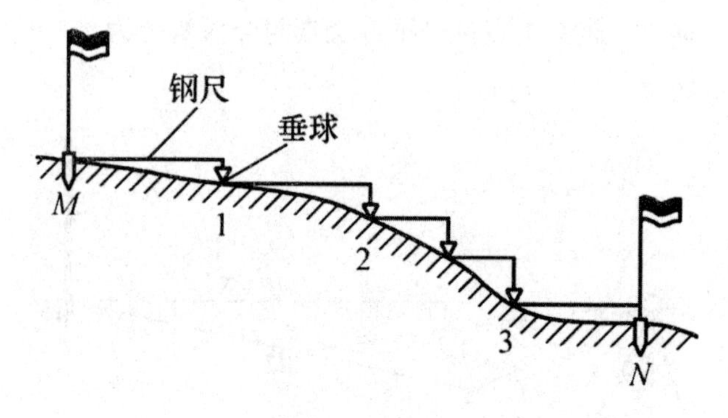

图 3-4　平量法

②斜量法

当倾斜地面的坡度比较均匀时，如图 3-5 所示，可沿斜面直接丈量出 MN 的倾斜距离 L，测出地面倾斜角 α 或 M、N 两点间的高差 h，按下式计算 MN 的水平距离 D：

$$D = L\cos\alpha$$

$$D = \sqrt{L^2 - h^2}$$

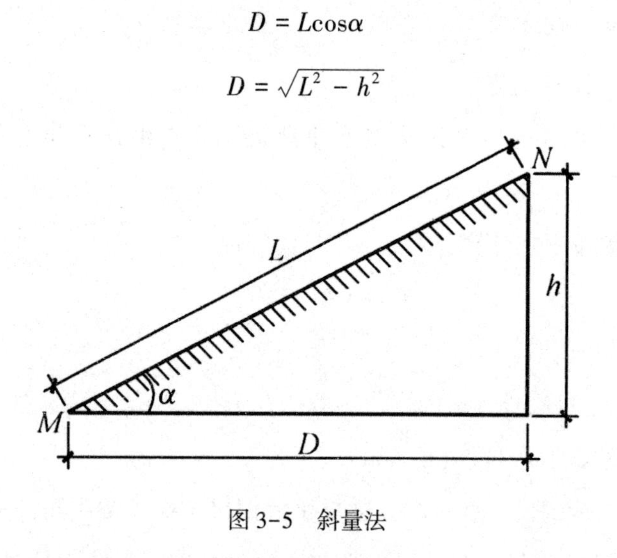

图 3-5　斜量法

2. 钢尺量距的精密方法

钢尺量距的一般方法，精度不高，相对误差只能达到 1/5 000~1/2 000。但在实际测量工作中，有时量距精度要求很高，如要求 1/40 000~1/10 000，这时若用钢尺量距，应采用钢尺量距的精密方法。

（1）尺长方程式

由于钢尺材料的质量与刻画误差、长期使用的变形以及丈量时温度和拉力不同的影响，其实际长度往往不等于其名义长度（即钢尺上所标注的长度）。因此，量距前应对钢尺进行检定。钢尺检定后，应给出尺长随温度变化的函数式（称为尺长方程式），其一般

形式为

$$L_t = L_0 + \Delta L + \alpha L_0(t - t_0)$$

式中，L_t ——钢尺在温度为 t 时的实际长度。

L_0——钢尺的名义长度。

ΔL ——尺长改正数，即钢尺在温度为 t_0 时的改正数，等于实际长度减去名义长度。

a ——钢尺的线膨胀系数，其值取为 1.25×10^{-6}。

t_0——钢尺检定时的标准温度（20℃）。

t ——钢尺使用时的温度。

（2）钢尺的检定方法

①与标准尺比长

钢尺检定最简单的方法是将欲检定的钢尺与检定过的已有尺长方程式的钢尺进行比较（认定它们的线膨胀系数相同），求出尺长改正数，再进一步求出欲检定钢尺的尺长方程式。

例：设标准尺的尺长方程式为 $L_{t标} = 30 + 0.003 + 1.25 \times 10^{-5} \times 30(t - 20°C)$（m），被检定的钢尺多次丈量标准长度为 29.997 m，从而求得被检定钢尺的尺长方程式为

$$\begin{aligned} L_{t检} &= L_{t标} + (30 - 29.997) = 30 + 0.003 + 1.25 \times 10^{-5} \times 30(t - 20°C) + 0.003 \\ &= 30 + 0.006 + 1.25 \times 10^{-5} \times 30(t - 20°C)\ (m) \end{aligned}$$

②将被检定钢尺与基准线长度进行实量比较

在测绘单位已建立的校尺场上，利用两固定标志间的已知长度 D 作为基准线来检定钢尺的方法是：将被检定钢尺在规定的标准拉力下多次丈量（至少往返各三次）基准线 D 的长度，求得其平均值 D'。测定检定时的钢尺温度，然后通过计算即可求出在 $t_0 = 25°C$ 时的尺长改正数，并求得该尺的尺长方程式。

例：设已知基准线长度为 140.306 m，用名义长度为 30 m 的钢尺在温度 $t = 9$℃时，多次丈量基准线长度的平均值为 140.326 m，试求钢尺在 $t_0 = 25°C$ 时的尺长方程式。

解：被检定钢尺在 9℃时，整尺段的尺长改正数 $\Delta L = \dfrac{140.306 - 140.326}{140.326} \times 30 = -0.0043$（m），则被检定钢尺在 9℃时的尺长方程式为 $L_t = 30 - 0.0043 + 1.25 \times 10^{-5} \times 30(t - 9°C)$；然后求被检定钢尺在 25℃时的长度为 $L_{25} = 30 - 0.0043 + 1.25 \times 10^{-5} \times 30 \times (25°C - 9°C) = 30 + 0.0017$，则被检定钢尺在 25℃时的尺长方程式为

$$L_t = 30 + 0.0017 + 1.25 \times 10^{-5} \times 30(t - 25°C)$$

钢尺送检后，根据给出的尺长方程式，利用式中的第二项可知实际作业中整尺段的尺

长改正数。利用式中第三项可求出尺段的温度改正数。

(3) 精密量距

①准备工作

清理场地。在欲丈量的两点方向线上，首先要清除影响丈量的障碍物，如杂物、树丛等，必要时要适当平整场地，使钢尺在每一尺段中不因地面障碍物而产生挠曲。

直线定线。精密量距用经纬仪定线。如图 3-3 所示，安置经纬仪于 *M* 点，照准 *N* 点，固定照准部，沿 *MN* 方向用钢尺进行概量，按稍短于一尺段长的位置，由经纬仪指挥打下木桩。桩顶高出地面 10~20 cm，并在木桩钉上包一镀锌薄钢板（也可用铝片），并用小刀在镀锌薄钢板上刻画十字线，十字线交点即为丈量时的标志。

测桩顶间高差。利用水准仪，用双面尺法或往、返测法测出各相邻桩顶间高差。所测相邻桩顶间高差之差，对于一级小三角，起始边不得大于 5 mm，对于二级小三角，起始边不得大于 10 mm，在限差内取其平均值作为相邻桩顶间的高差。测桩顶间高差，是为了将沿桩顶丈量的倾斜距离化算成水平距离。

②丈量方法

精密量距要用检定过的钢尺，一般由 5 人组成一组，2 人拉尺，2 人读数，1 人指挥、测温度兼记录。

丈量时，后尺员把弹簧秤挂于钢尺的零端，以便施加钢尺检定时的标准拉力（30 m 钢尺用 100 N，50 m 钢尺用 150 N），前尺员拿尺子末端，两人同时拉紧钢尺，把尺子有刻度的一侧贴切于木桩钉十字线交点，两人拉稳尺子，待弹簧秤指示为标准拉力时，由后尺员发出“预备”口令，前尺员回答“好”，在此瞬间，前、后读尺员同时读数，估读至 0.5 mm，记录员计入手簿，并计算尺段长度。

移动钢尺 2~3 mm，同法再次丈量，每尺段丈量三次，读三组读数，三组读数算得的长度之差不超过 3 mm，否则应重量。若三次丈量长度之差在容许限差之内，取三次丈量结果的平均值作为尺段丈量的结果。每一尺段要测记温度一次，估读至 0.5℃。如此下去直至丈量的终点，即完成一次往测。完成往测后，应立即返测。为了校核和达到规定的丈量精度，一般应往返若干次。

③内业数据处理

将每一尺段丈量结果经过尺长改正、温度改正和倾斜改正后，换算成水平距离，并求总和，得到直线往测、返测的全长。往测、返测较差符合精度要求后，取往测、返测结果的平均值作为最后成果。

尺长改正。由于钢尺的名义长度和实际长度不一致，丈量时就会产生误差。设钢尺在

标准温度、标准拉力下的实际长度为 L，名义长度为 L_0，则一整尺的尺长改正数为

$$\Delta L = L - L_0$$

每量 1m 的尺长改正数为

$$\Delta L_{\mathrm{m}} = \frac{L - L_0}{L_0}$$

丈量距离为 D' 时的尺长改正数为

$$\Delta L_l = \frac{L - L_0}{L_0} \cdot D'$$

钢尺的实际长度大于名义长度时，尺长改正数为正，反之为负。

温度改正。对钢尺量距时的温度和标准温度不同引起的尺长变化进行的距离改正称为温度改正。

一般钢尺的线膨胀系数采用 $\alpha = 1.25 \times 10^{-5}$ °C^{-1}，表示钢尺温度每变化1℃时，每 1m 钢尺将伸长（或缩短）0.000 012 5 m，所以尺段长 D' 的温度改正数为

$$\Delta L_i = \alpha(t - t_0) D'$$

倾斜改正。设量得的倾斜距离为两点之间测得的高差为 h，将 D' 改算成水平距离 D 须加倾斜改正数 ΔL_h，一般用下式计算

$$\Delta L_h = - \frac{h^2}{2D'}$$

倾斜改正数 ΔL_h，永远为负值。

综上所述，改正后的尺段水平距离为

$$D = D' + \Delta L_l + \Delta L_i + \Delta L_k$$

（四）钢尺量距误差及注意事项

影响钢尺量距精度的因素很多，但其产生误差的原因主要有以下六种。

1. 尺长误差

如果钢尺的名义长度和实际长度不符，则产生尺长误差。尺长误差是积累的，丈量的距离越长，误差越大。因此，新购置的钢尺必须经过检定，测出其尺长改正值 ΔL_l。

2. 温度误差

钢尺的长度随温度而变化，当丈量时的温度和标准温度不一致时，将产生温度误差。按照钢的膨胀系数计算，温度每变化 1℃，丈量距离为 30 m 时对距离的影响为 0.4 mm。

3. 钢尺倾斜和垂曲误差

在高低不平的地面上采用钢尺水平法量距时，钢尺不水平或中间下垂而成曲线时，都

会使量得的长度比实际长度大。因此，丈量时必须注意钢尺水平。

4. 定线误差

丈量时钢尺没有准确地放在所量距离的直线方向上，使所量距离不是直线而是一组折线，造成丈量结果偏大，这种误差称为定线误差。丈量 30 m 的距离，当偏差为 0.25 m 时，量距偏大 1 mm。

5. 拉力误差

钢尺在丈量时所受到的拉力应与检定时拉力相同。若拉力变化±2.6 kg，尺长将改变 ±1 mm。

6. 丈量误差

丈量时在地面上标志尺端点位置处插测钎不准，前、后尺手配合不佳，余长读数不准等都会引起丈量误差，这种误差对丈量结果的影响可正可负，大小不定。在丈量中要尽力做到对点准确，配合协调。

二、视距测量

视距测量是利用水准仪、经纬仪等测量仪器的望远镜内的视距装置，根据几何光学和三角学原理测定距离和高差的一种方法。这种方法操作简便、速度快、不受地面起伏的限制，但测距精度较低，一般相对误差为 1/300~1/200，测高差的精度也低于水准测量和三角高程测量。它广泛应用于地形图的碎部测量。

（一）视距测量的原理

1. 视线水平时计算水平距离与高差的公式

如图 3-6 所示，A、B 两点之间的水平距离 D 与高差力的计算公式如下：

$$D = KL$$

$$h = i - v$$

式中，D ——仪器到立尺点间的水平距离。

K ——视距乘常数，通常为 100。

L ——望远镜上、下丝在标尺上读数的差值，称为视距间隔或尺间隔。

h —— A、B 两点之间的高差（测站点与立尺点之间的高差）。

i ——仪器高（地面点至经纬仪横轴或水准仪视准轴的高度）。

v ——十字丝中丝在尺上的读数。

水准仪视线水平是根据水准管气泡居中来确定的。经纬仪视线水平，是根据在竖盘水准管气泡居中时，用竖盘读数为 90°或 270°来确定的。

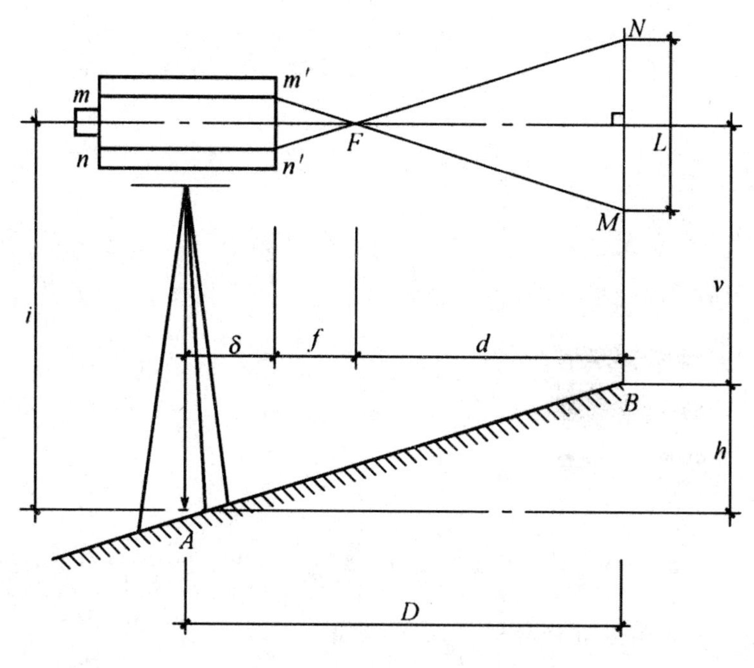

图 3-6　视线水平时的视距测量

2. 视线倾斜时计算水平距离和高差的公式

如图 3-7 所示，A、B 两点之间的水平距离 D 与高差 h 的计算公式如下：

$$D = KL\cos^2\alpha$$

$$h = \frac{1}{2}KL\sin2\alpha + i - v$$

式中，α ——视线倾斜角（竖直角）。

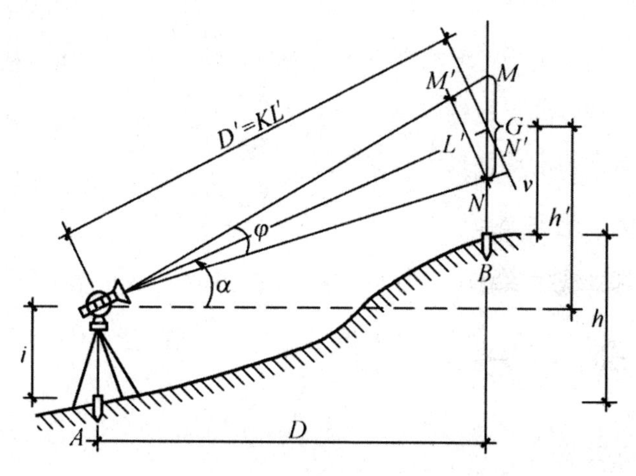

图 3-7　视线倾斜时的视距测量

（二）视距测量的方法

1. 量仪高（i）

在测站上安置经纬仪，对中、整平，用皮尺量取仪器横轴至地面点的铅垂距离，取至厘米。

2. 求视距间隔（L）

对准 B 点竖立的标尺，读取上、中、下三丝在标尺的读数，读至毫米。上、下丝相减求出视距间隔 L 值。中丝读数 v 用以计算高差。

3. 计算视线倾斜角（α）

转动竖盘水准管微动螺旋，使竖盘水准管气泡居中，读取竖盘读数，并计算 α 。

4. 计算水平距离和高差（D 和 h）

最后将上述 i、L、p、α 四个量代入式 $D = KL\cos^2\alpha$ 和式 $h = \frac{1}{2}KL\sin 2\alpha + i - v$ ，计算 A、B 两点之间的水平距离 D 和高差。

（三）视距测量的误差

1. 读数误差

视距丝的读数是影响视距精度的重要因素。由视距公式可知，如果尺间隔有 1mm 误差，将使视距产生 0.1 m 误差。因此，有关测量规范对视线长度有限制要求。另外，由上丝对准整分米数，由下丝直接读出视距间隔可减小读数误差。

2. 标尺倾斜误差

标尺倾斜对测定水平距离的影响随视准轴竖直角的增大而增大。山区测量时的竖直角一般较大，此时应特别注意将标尺竖直。视距标尺上一般装有水准器，立尺者在观测者读数时应参照尺上的水准器来使标尺竖直及稳定。

3. 视距乘常数 K 的误差

通常认定视距乘常数 $K=100$，但由于视距丝间隔有误差、视距尺有系统性刻画误差，以及仪器检定各种因素的影响，都会使 K 值不为 100。K 值一旦确定，误差对视距的影响将是系统性的。

4. 外界条件的影响

近地面的大气折光使视线弯曲，给视距测量带来误差。根据试验，只有在视线离地面超过 1m 时，折光影响才比较小。空气对流使视距尺的成像不稳定，从而造成读数误差增大，因此，对视距精度影响很大。如果风力较大使尺子不易立稳而发生抖动，将会对视距间隔产生影响。

三、光电测距

光电测距仪是以红外光、激光、电磁波为载波的光电测距仪器。与传统的钢尺量距相比，光电测距具有精度高、作业效率高、受地形影响小等优点。测距仪按测程可分为短程测距仪（小于 5 km）、中程测距仪（5~15 km）和远程测距仪（大于 15 km）。短程测距仪常以红外光作载波，故称为红外测距仪。红外测距仪被广泛应用于工程测量和地形测量中。

（一）光电测距的原理

如图 3-8 所示，欲测定 A、B 两点之间的距离 D，可在 A 点安置能发射和接收光波的光电测距仪，在 B 点设置反射棱镜（与光电测距仪高度一致），光电测距仪发出的光束经棱镜反射后，又返回到测距仪。通过测定光波在待测距离两端点间往返传播一次的时间 t，根据光波在大气中的传播速度 c，计算距离 D 为

$$D=\frac{1}{2}ct_{2D}$$

式中，c——光在大气中的光速值，$c=\frac{c_0}{n}$，其中，c_0 为真空中的光速值，其值为 (299 792 458+1.2) m/s；

n 为大气折射率，它与测距仪所用光源的波长 λ、测线上的气温 t、气压 p 有关。

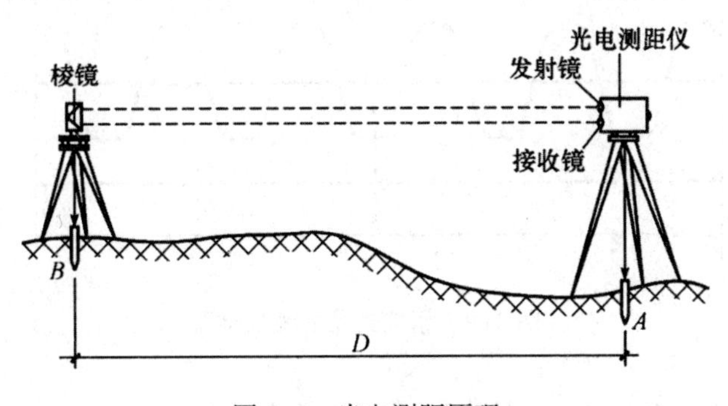

图 3-8　光电测距原理

由式 $D=\frac{1}{2}ct_{2D}$ 可知，测定距离的精度，主要取决于测定时间 t_{2D} 的精度。因此，大多

采用间接测定法来测定 t_{2D} 。根据测量光波间接测定 t_{2D} 的方法有脉冲式和相位式两种。

1. 脉冲式光电测距仪测距的原理

脉冲式光电测距仪是将发射光波的光调制成一定频率的尖脉冲，通过测量发射的尖脉冲在待测距离上往返传播的时间来计算距离。如图 3-9 所示，在尖脉冲光波离开测距仪发射镜的瞬间，触发打开电子门，此时，时钟脉冲进入电子门填充，计数器开始计数。在仪器接收镜接收到由棱镜反射回来的尖脉冲光波的瞬间，关闭电子门，计数器停止计数。设时钟脉冲的振荡频率为 f_0，周期为 $T_0 = 1/f_0$，计数器计得的时钟脉冲个数为 q ，则有

$$t_{2D} = qT_0 = \frac{q}{f_0}$$

2. 相位式光电测距仪测距的原理

由于脉冲宽度和电子计数器时间分辨率的限制，脉冲式测距仪测距精度较低。高精度的测距仪一般采用相位式。

相位式光电测距仪是将发射光波的光调制成正弦波的形式，通过测量正弦光波在待测距离上往返传播的相位差来计算距离。图 3-9 所示为将返程的正弦波以反射棱镜站 B 点为中心对称展开后的图形。正弦光波振荡一个周期的相位差是 2π，设发射的正弦光波经过 $2D$ 距离后的相位移为平，则 φ 可以分解为 N 个 2π 整数周期和不足一个整数周期相位差也即有

$$\varphi = 2\pi N + \Delta\varphi$$

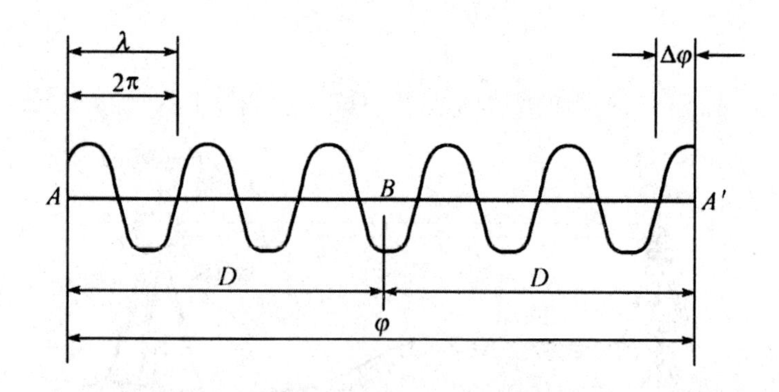

图 3-9　相位式光电测距原理

设正弦光波振荡频率为 f ，角频率为 ω ，波长为 $\lambda_s(\lambda_s = c/f)$ ，光变化一周期的相位移为 2π ，则

$$\varphi = \omega t_{2D} = 2\pi f t_{2D}$$

$$t_{2D}=\frac{\varphi}{2\pi f}$$

将上式代入式 $D=\frac{1}{2}ct_{2D}$ 得

$$D=\frac{c}{2f}\cdot\frac{\varphi}{2\pi}$$

将式 $\varphi=2\pi N+\Delta\varphi$ 代入上式得

$$D=\frac{c}{2f}\left(N+\frac{\Delta\varphi}{2\pi}\right)=\frac{\lambda_s}{2}(N+\Delta N)$$

式中，$\Delta N=\frac{\Delta\varphi}{2\pi}$，$\Delta N$ 小于 1，为不足一个周期的小数。

N——整周期数。

式中 $\lambda_s=c/f$ 为正弦波的波长，$\lambda_s/2$ 为正弦波的半波长，又称测距仪的测尺。

如果能够测出正弦光波在待测距离上往返传播的整周期数 N 和不足一个周期的小数 ΔN，就可以依式 $D=\frac{c}{2f}\left(N+\frac{\Delta\varphi}{2\pi}\right)=\frac{\lambda_s}{2}(N+\Delta N)$ 计算出待测距离 D。

由于测距仪的测相装置相位计只能测定往返调制光波不足一个周期的小数 ΔN，测不出整周期数 N，其测相误差一般小于1/1 000。这就使式 $D=\frac{c}{2f}\left(N+\frac{\Delta\varphi}{2\pi}\right)=\frac{\lambda_s}{2}(N+\Delta N)$ 产生多值解，只有当待测距离小于测尺长度时（此时 $N=0$），才有确定的距离值。一般通过在相位式光电测距仪中设置多个测尺，用各测尺分别测距，然后将测距结果组合起来的方法来解决距离的多值解问题。在仪器的多个测尺中，用较长的测尺（1 km 或 2 km）测定距离的大数（千米、百米、十米、米数），称为粗尺；用较短的测尺（10 m 或 20 m）测定距离的尾数（米、分米、厘米、毫米数），称为精尺。粗尺和精尺的数据组合起来即可得到实际测量的距离值。精粗测尺测距结果的组合过程由测距仪内的微处理器自动完成后输送到显示窗。

（二）光电测距仪的使用

安置仪器。先在测站上安置好经纬仪，对中、整平后，将测距仪主机安装在经纬仪支架上，用连接器固定螺钉锁紧，将电池插入主机底部、扣紧。在目标点安置反射棱镜，对中、整平，并使镜面朝向主机。

观测垂直角、气温和气压。用经纬仪十字横丝照准觇板中心，测出垂直角 α。同时，观测和记录温度计和气压计上的读数。观测垂直角、气温和气压，目的是对测距仪测量出的斜距进行倾斜改正、温度改正和气压改正，以得到正确的水平距离。

测距准备。按电源开关键“PWR”开机，主机自检并显示原设定的温度、气压和棱镜常数值，自检通过后将显示“good”。若修正原设定值，可按“T. P. C”键后输入温度、气压值或棱镜常数（一般通过“ENT”键和数字键逐个输入）。一般情况下，只要使用同一类的反光镜，棱镜常数不变，而温度、气压，每次观测均可能不同，需要重新设定。

距离测量。调节主机照准轴水平调整手轮（或经纬仪水平微动螺旋）和主机俯仰微动螺旋，使测距仪望远镜精确瞄准棱镜中心。在显示“good”状态下，精确瞄准也可根据蜂鸣器声音来判断，信号越强，声音越大，上、下、左、右微动测距仪，使蜂鸣器的声音最大，便完成了精确瞄准，出现大精确瞄准后，按“MSR”键，主机将测定并显示经温度、气压和棱镜常数改正后的斜距。在测量中，若光束受挡或大气抖动等，测量将暂被中断，此时“*”消失，待光强正常后继续自动测量；若光束中断 30 s，须光强恢复后，再按“MSR”键重测。

斜距到平距的改算，一般在现场用测距仪进行，方法是：按“V. H”键后输入垂直角值，再按“S. H. V”键显示水平距离。连续按“S. H. V”键可依次显示斜距、平距和高差。

（三）光电测距的注意事项

①测距仪是精密仪器，使用时应避开电磁场干扰，并防止大的冲击振动；②测距仪应避免阳光直晒，在强阳光下或雨天作业时，应撑伞保护仪器；③测距仪物镜不可对着太阳或其他强光源（如探照灯等），特别在架设仪器或测量时，以免损坏光敏二极管；④测距仪测距易受气象条件影响，其测距宜在阴天进行；⑤应尽可能避免测线两侧及镜站后方有良好反射物体（如房屋的玻璃窗、反射物质做成的路标等）及其他光源，以减小背景干扰，避免引起较大的测量误差，并应尽量避免逆光观测；⑥仪器不用时，应关闭电源，长期不用时，应将电池取出；⑦仪器在运输过程中应注意防潮和防震；⑧经常保持仪器清洁和干燥。

第二节　直线定向

在量得两点之间的水平距离后，还要确定这两点连线的方向，才能把直线的相对位置确定下来。

一、标准方向的种类

直线定向时，常用的标准方向有真子午线方向、磁子午线方向、坐标纵轴方向。

（一）真子午线方向

包括地球南北极的平面与地球表面的交线称为真子午线。通过地面上一点，指向地球南北极的方向线，就是该点的真子午线方向。指向北方的一端简称真北方向，指向南方的一端简称真南方向。真子午线方向是用天文测量的方法确定的。

（二）磁子午线方向

磁子午线是一点通过地球南北磁极所作的平面与地球表面的交线，为磁针在该点上自由静止时所指的方向线。磁子午线方向可用罗盘仪测定。

（三）坐标纵轴方向

坐标纵轴线（坐标 X 轴）是在坐标系中确定直线方向时采用的标准方向。常以坐标纵轴线（南北轴）为准，测区内通过任一点与坐标纵轴平行的方向线，称为该点的坐标纵轴线方向。

二、直线方向的表示方法

在测量工作中，常采用方位角来表示直线的方向。通过测站的子午线与测线间顺时针方向的水平夹角称为方位角。由于子午线方向有真北、磁北和坐标北（轴北）之分，故对应的方位角分别称为真方位角（用 A 表示）、磁方位角（用 A_m 表示）和坐标方位角（用 α 表示）。方位角角值范围为 0°~360°且恒为正值。

（一）真方位角与磁方位角之间的关系

真子午线收敛于地球南北极，磁子午线收敛于地磁场南北极。由于地球南北极与地磁场南北极不重合，导致真子午线与磁子午线也不重合。地球上某点真子午线方向与磁子午线方向的夹角叫作磁偏角，用 δ 表示，如图 3-10。磁子午线北端在真子午线东边称为东偏，磁偏角为正值；磁子午线北端在真子午线西边称为西偏，磁偏角为负值。真方位角与磁方位角之间的关系可由下式表示：

$$A = A_m + \delta$$

我国磁偏角 δ 的变化为-10°（东北地区）~+6°（西北地区）。

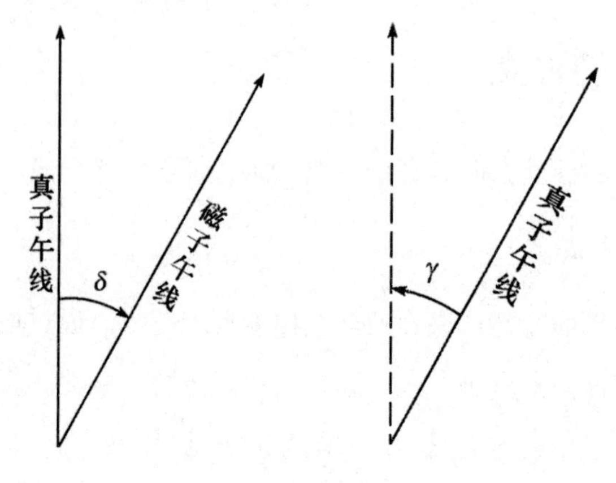

图 3-10 磁偏角

（二）真方位角与坐标方位角之间的关系

对于高斯平面直角坐标系，某点的坐标纵轴方向是此点所在带的中央子午线北方向，它与此点的真子午线方向之间的夹角称为子午线收敛角，用 γ 表示，如图 3-11。在中央子午线以东，各点坐标纵轴位于真子午线东边，子午线收敛角为正值；在中央子午线以西，各点坐标纵轴位于真子午线西边，子午线收敛角为负值。真方位角与坐标方位角之间的关系可由下式表示：

$$A = \alpha + \gamma$$

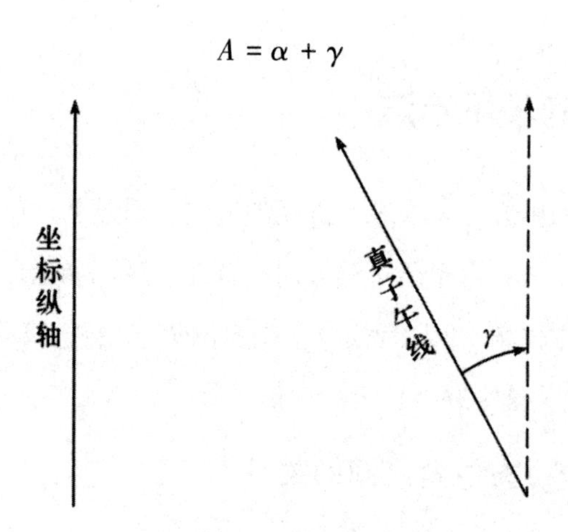

图 3-11 子午线收敛角

（三）磁方位角与坐标方位角之间的关系

磁方位角与坐标方位角之间的关系可由下式表示：

$$A_{m} = \alpha + \gamma - \delta$$

三、坐标方位角和象限角

（一）正、反坐标方位角

直线是有向线段，在平面上一直线的正、反坐标方位角如图 3-12 所示，地面上 1、2 两点之间的直线 1—2，可以在两个端点上分别进行直线定向。在 1 点上确定 1—2 直线的方位角为 α_{12}，在 2 点上确定 2—1 直线的方位角为 α_{21}。称 α_{12} 为直线 1—2 的正方位角，α_{21} 为直线 1—2 的反方位角。同样，α_{21} 也可称为直线 2—1 的正方位角，而 α_{12} 为直线 2—1 的反方位角。一般在测量工作中常以直线的前进方向为正方向，反之称为反方向。在平面直角坐标系中，通过直线两端点的坐标纵轴方向彼此平行，因此，正、反坐标方位角之间的关系式为

$$\alpha_{反} = \alpha_{正} \pm 180°$$

当 $\alpha_{正} < 180°$ 时，式 $\alpha_{反} = \alpha_{正} \pm 180°$ 用加 180°；当 $\alpha_{正} > 180°$ 时，式 $\alpha_{反} = \alpha_{正} \pm 180°$ 用减 180°。

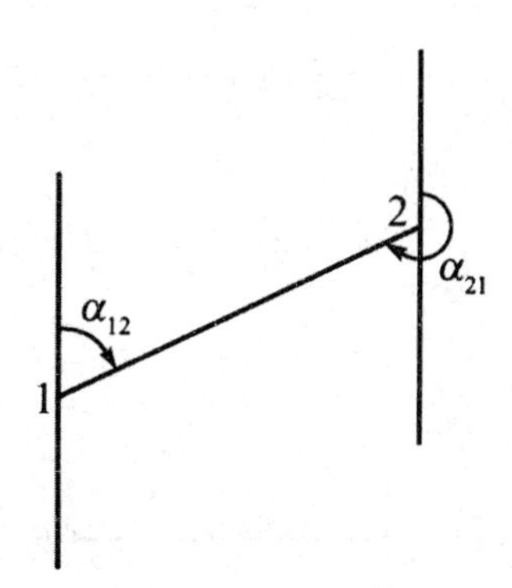

图 3-12 正、反坐标方位角示意图

（二）象限角

由坐标纵轴的北端或南端起，顺时针或逆时针至某直线间所夹的锐角，并注出象限名称，称为该直线的象限角，以 *R* 表示，角值范围为 0°～90°，如图 3-13 所示。

象限角不但要表示角度的大小，而且还要注记该直线位于第几象限。象限角分别用北东、南东、南西和北西表示。象限角一般只在坐标计算时用，这时所说的象限角是指坐标象限角。

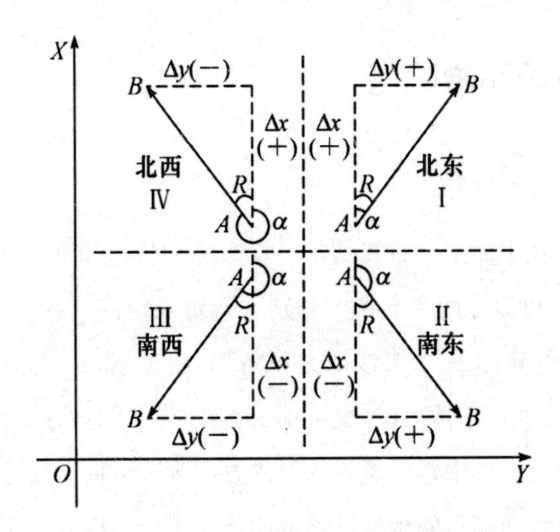

图 3-13　正、反坐标方位角示意图

四、坐标方位角计算

（一）坐标正算

根据已知点的坐标，已知边长及该边的坐标方位角，计算未知点的坐标的方法，称为坐标正算。

如图 3-14 所示，A 为已知点，坐标为 x_A，y_A，已知 AB 边长为 D_{AB}，坐标方位角为 α_{AB}，求 B 点坐标 x_B，y_B。

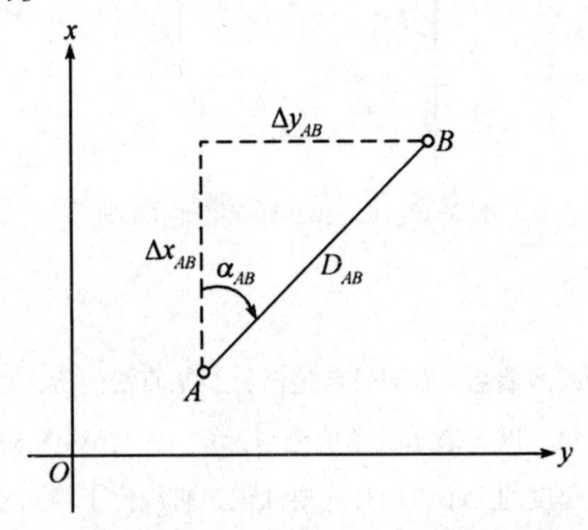

图 3-14　坐标正、反算

由图 3-14 可知：

$$\left.\begin{aligned} x_B &= x_A + \Delta x_{AB} \\ y_B &= y_A + \Delta y_{AB} \end{aligned}\right\}$$

其中

$$\left.\begin{aligned}\Delta x_{AB} &= D_{AB} \cdot \cos\alpha_{AB} \\ \Delta y_{AB} &= D_{AB} \cdot \sin\alpha_{AB}\end{aligned}\right\}$$

式中，$\sin\alpha_{AB}$ 和 $\cos\alpha_{AB}$ 的函数值随着 α_{AB} 所在象限的不同有正、负之分，因此，坐标增量同样具有正、负号。

（二）坐标反算

根据两个已知点的坐标求算出两点间的边长及其方位角，称为坐标反算。由图 3-14 可知：

$$D_{AB} = \sqrt{\Delta x_{AB}^2 + \Delta y_{AB}^2} = \sqrt{(x_B - x_A)^2 + (y_B - y_A)^2}$$

$$\alpha_{AB} = \arctan\frac{\Delta y_{AB}}{\Delta x_{AB}} = \arctan\frac{y_B - y_A}{x_B - x_A}$$

五、罗盘仪的构造与使用

在小测区建立独立的平面控制网时，可用罗盘仪测定直线的磁方位角，作为该控制网起始边的坐标方位角，将过起始点的磁子午线当作坐标纵轴线。下面将介绍罗盘仪的构造和使用。

（一）罗盘仪的构造

罗盘仪是测定磁方位角的仪器，主要由望远镜、罗盘盒及基座构成。

望远镜。望远镜是瞄准目标用的照准设备，由物镜、十字丝、目镜组成。使用时，首先转动目镜进行调焦，使十字丝清晰，然后用望远镜大致照准目标，再转动物镜对光螺旋，使目标清晰，最后以十字丝竖丝精确对准目标。望远镜一侧为竖直度盘，可以测量竖直角。

罗盘盒。罗盘盒由磁针和刻度盘组成，用来测定线磁子午线（标准方向）与读出磁方位角和磁象限角的度数。罗盘盒内有磁针和刻度盘。磁针用于确定南北方向并用来指标读数，它安装在度盘中心顶针上，能自由转动。为减少顶针的磨损，在闲置时可用磁针制动螺旋将磁针抬起，固定在玻璃盖上。磁针南端装有铜箍，以克服磁倾角，使磁针转动时保持水平。由于观测时随望远镜转动的不是磁针（磁针永指南北），而是刻度盘，为了直接读取磁方位角，所以刻度盘以逆时针注记。

基座。基座是球臼结构，安装在三脚架上，松开球臼接头螺旋，摆动罗盘盒使水准气泡居中，此时刻度盘已处于水平位置，旋紧接头螺旋。

（二）罗盘仪的使用

用罗盘仪测定直线的方位角（或磁象限角）的操作步骤如下：①安置仪器。将罗盘仪安置在直线的起点，进行对中和整平。②瞄准。转动仪器，用望远镜瞄准直线另一端标杆。③读数。松开磁针制动螺旋，将磁针放下，待磁针静止后，磁针在刻度盘上所指的读数即为该直线的磁方位角。读数时，当刻度盘的0°刻画在望远镜的物镜一端，应按磁针北端读数；如果在目镜一端，则应按磁针南端读数。

第四章 全站仪和 GPS 的使用

第一节 全站仪的使用

一、全站仪概述

全站仪，即全站型电子速测仪（Electronic Total Station），是一种集光、机、电于一体的高技术测量仪器，是集水平角、垂直角、距离（斜距、平距）、高差测量功能于一体的测绘仪器系统。因安装一次仪器就能完成该测站上全部测量工作，所以称为全站仪。全站仪广泛用于地上大型建筑和地下隧道施工等精密工程测量或变形监测领域。

全站仪的精度主要从测角精度和测距精度两方面来衡量。国内外生产的高、中、低等级全站仪多达几十种。普遍使用的全站仪有：日本拓普康公司的 GTS 系列、索佳公司的 SET 系列和 PowerSET 系列、宾得（Pentax）公司的 PTS 系列、尼康（Nikon）公司的 DTM 系列；瑞士徕卡（Lejca）公司的 WildTC 系列；中国南方测绘公司的 NTS 系列等。

（一）全站仪的分类

1. 全站仪按其外观结构

可分为积木型全站仪和整体型全站仪。

（1）积木型全站仪

积木型全站仪又称组合型全站仪，早期的全站仪大都是积木型结构。其电子测速仪、电子经纬仪、电子记录器各是一个整体，可以分离使用，也可以通过电缆或接口将它们组合起来，形成完整的全站仪。

（2）整体型全站仪

整体型全站仪大都将测距、测角和记录单元在光学、机械等方面设计成一个不可分割的整体，其中测距仪的发射轴、接收轴和望远镜的视准轴为同轴结构。这对保证较大垂直角条件下的距离测量精度非常有利。

2. 全站仪按测距仪测距

可分为短距离测距全站仪、中测程全站仪、长测程全站仪三类。

短距离测距全站仪。测程小于 3 km，一般精度为±（5mm+5μm），主要用于普通测量和城市测量。

中测程全站仪。测程为 3～15 km，一般精度为±（5 mm+2μm）、±（2 mm+2 μm），通常用于一般等级的控制测量。

长测程全站仪。测程大于 15 km，一般精度为±（5 mm+1μm），通常用于国家三角网及特级导线的测量。

（二）全站仪的主要特点

①采用先进的同轴双速制、微动机构，使照准更加快捷、准确。②具有完善的人机对话控制面板，由键盘和显示窗组成，除照准目标以外的各种测量功能和参数均可通过键盘来实现。仪器两侧均有控制面板，操作方便。③设有双轴倾斜补偿器，可以自动对水平和竖直方向进行补偿，以消除竖轴倾斜误差的影响。④机内设有测量应用软件，能方便地进行三维坐标测量、放样测量、后方交会、悬高测量、对边测量等多项工作。⑤具有双路通视功能，仪器将测量数据传输给电子手簿式计算机，也可接收电子手簿式计算机的指令和数据。

二、全站仪的基本功能

由于全站仪可以同时完成水平角、垂直角和边长测量，加之仪器内部有固化的测量应用程序，因此，可以现场完成常见的测量工作，提高了野外测量的速度和效率。

（一）角度测量

全站仪具有电子经纬仪的测角部，除一般的水平角和垂直角测量功能外，还具有以下附加功能：①水平角设置。输入任意值；任意方向置零；任意角值锁定（照准部旋转时，角值不变）；右角/左角的测量；角度复测模式（按测量次数计算其平均值的模式）。②垂直角显示变换。可以天顶距、高度角、倾斜角、坡度等方式显示垂直角。③角度单位变换。可以 36°、6 400 mil 等方式显示角度。④角度自动补偿。使用电子水准器，可以从照准轴和水平轴两个方向来检测仪器倾斜值，具有补偿垂直轴误差、水平轴误差、照准轴误差、偏心差多项误差的功能。

（二）距离测量

全站仪具有光波测距仪的测距部，除测量至反光镜的距离（斜距）外，还可根据全站仪的类型、反射棱镜数目和气象条件，改变其最大测程，以满足不同的测量目的和作业要求。

测距模式的变换：①按具体情况，可设置为高精度测量和快速测量模式。②可选取距离测量的最小分辨率，通常有 1 cm、1 mm、0.1 mm 三种。③可选取测距次数，主要有：单次测量（能显示一次测量结果，然后停止测量）；连续测量（可进行不间断测量，只要按停止键，测量马上停止）；指定测量次数；多次测量平均值自动计算（根据所定的测量次数，测量后显示平均值）。④可设置测距精度和时间，主要有：精密测量（测量精度高，需要数秒测量时间）；简易测量（测量精度低，可快速测量）；跟踪测量（如在放样时，边移动反射棱镜边测距，测量时间小于 1s，通常测量的最小单位为 1 cm）。

各种改正功能。在测距前设置相应的参数，距离测量结果可自动进行棱镜常数的改正、气象（温度和气压）的改正和球差及折光差的改正。①斜距归算功能。由测量的垂直角（天顶距）和斜距可计算出仪器至棱镜的平距和高差，并立即显示出来。如事先输入仪器高和棱镜高，测距测角后便可计算出测站点与目标点间的平距和高差。②距离调阅功能。测距后，按操作键可以随意调阅斜距、平距、高差中的任意一个。

（三）三维坐标测量

对仪器进行必要的参数设定后，全站仪可直接测定点的三维坐标，如在地形测图等场合使用，可大大提高作业效率。

首先，在一已知点安置仪器，输入仪器高和棱镜高，输入测站点的平面坐标和高程，照准另一已知点（称为定向点或后视点），利用机载后视定向功能定向，将水平度盘读数安置为测站至定向点的方位角；接着，再照准目标点（也称为前视点）上的反射棱镜，按测距键，即可测量出目标点的坐标值（X、Y、Z）。

（四）辅助功能

①休眠和自动关机功能。当仪器长时间不操作时，为节省电量，仪器可自动进入休眠状态，需要操作时可按功能键唤醒，仪器恢复到先前状态。也可设置仪器在一定时间内无操作时自动关机，以免电池耗尽电量。②显示内容个性化。可根据用户的需要，设置显示的内容和页面。③电子水准器。由仪器内部的倾斜传感器检测垂直轴的倾斜状态，以数字和图形的形式显示，指导测量员高精度置平仪器。④照明系统。在夜晚或黑暗环境下观测时，仪器可对显示屏、操作面板、十字丝实施照明。⑤导向光引导。在进行放样作业时，利用仪器发射的恒定和闪烁可见光，引导持镜员快速找到方位。⑥数据管理功能。测量数据可存储到仪器内存、扩展存储器，还可由数据输出端口实时输出到电子手簿中。测量数据可现场进行查询。

（五）程序测算功能

全站仪内部配置有微处理器、存储器和输入/输出接口，与 PC 具有相同的结构模式，可以运行复杂的应用程序，具有对测量数据进一步处理和存储的功能。其存储器有三类，即 ROM 存储器，用于操作系统和厂商提供的应用程序；RAM 存储器，用于存储测量数据和结果；PC 存储卡，用于存储测量数据、计算结果和应用程序。各厂商提供的应用程序在数量、功能、操作方法等方面不尽相同，应用时可参阅其操作手册，但基本原理是一致的。

以下为全站仪上较为常见的机载应用程序：①后视定向。后视定向的目的是设置水平角0°方向与坐标北方向一致。经后视定向后，照准轴处于任意位置时，水平角读数即为照准轴方向的方位角。在进行坐标测量或放样等工作时，必须进行后视定向。②自由设站。全站仪自由设站功能是通过后方交会原理，观测并解算出未知测站点坐标，并自动对仪器进行设置，以方便坐标测量或放样。③导线测量。利用全站仪的导线测量功能，可自动完成导线测量数据的记录和平差计算，现场得到导线测量结果。④单点放样。将待建物的设计位置在实地标定出来的测量工作称为放样。全站仪经测站设置和定向后，便可照准棱镜测量，仪器自动显示棱镜位置与设计位置的差值，据此修正棱镜位置直至到达设计位置。依据放样元素的不同，单点放样可采用极坐标法、直角坐标法和正交偏距法三种方式。⑤偏心观测。在目标点被障碍物遮挡或无法放置棱镜（如建筑物的柱子中心等）时，可在目标点左边或右边放置棱镜，并使目标点、偏移点到测站的水平距离相等。通过偏移点测定水平距离，再测定目标点的水平角，程序便可计算出目标点的坐标。⑥对边测量。对边测量是在不移动仪器的情况下，测量两棱镜站点间斜距、平距、高差、方位、坡度的功能，其有辐射模式和连续模式两种模式。⑦悬高测量。测定无法放置棱镜的地物（如电线、桥梁等）高度的功能。⑧面积测量。通过顺序测定地块边界点坐标，计算地块面积。⑨道路放样。道路放样是将图纸上设计的道路中线、边线、断面测设于实地的工作，是单点放样的综合应用。道路主要由直线、圆曲线、缓和曲线和抛物线等组成，参数可由设计图纸上获得。⑩多测回水平角观测。在高精度控制测量中，一般要求对水平角进行多个测回观测，以提高水平角的精度，全站仪机载多测回观测功能可满足此要求。⑪坐标几何计算。全站仪的坐标几何计算功能包括坐标正反算、交会法计算、直线求交点等常用计算，全站仪就像是一台特殊设计的测量计算器，可以在现场依据已测定的数据或手工输入数据，快速解算出一些新的点或参数。

三、全站仪的应用

全站仪的应用可概括为以下四个方面：①在地形测量中，可使控制测量和碎部测量同时进行；②可用于施工放样测量，将设计好的管线、道路、工程建设中的建筑物、构筑物等的位置按图纸设计数据测设到地面上；③可用全站仪进行导线测量、前方交会、后方交会等，不但操作简便，而且速度快、精度高；④通过数据输入/输出接口设备，将全站仪与计算机、绘图仪连接在一起，形成一套完整的外业实时测绘系统，大大提高测绘工作的质量和效率。

四、全站仪的操作

虽然不同厂家和不同系列的全站仪在外形和功能上都会略有区别，但都具有基本的结构特点和功能。现以拓普康 GTS-310 型全站仪为例，介绍全站仪的结构和操作。

键盘分为两部分：一部分为操作键，在显示屏的右方，共有 6 个键；另一部分为功能键（软键），在显示屏的下方，共有 4 个键。

（一）测量前准备

在使用全站仪进行测量前，应先做好以下必要的准备工作。

1. 仪器安置

具体操作步骤为：架设三脚架→安置仪器和对点→利用圆水准器粗平仪器→利用管水准器精平仪器→精确对中与整平。此项操作重复至仪器精确对准测站点为止。

2. 电池电量信息检查

外业测量出发前应先检查一下电池状况。观测模式改变时，电池电量图表不一定会立刻显示电量的变化情况。电池电量指示系统用来显示电池电量的总体情况，它不能反映瞬间电池电量的变化。

3. 角度检查

进行全站仪的垂直角和水平角以及测距系统的常规检查，确保全站仪测量数据的可靠性。

（二）角度测量

1. 水平角和垂直角测量

将仪器调为角度测量模式，按下述方法瞄准目标：①将望远镜对准明亮天空，旋转目镜筒，调焦直至看清十字丝；②利用瞄准器内的三角形标志的顶尖照准目标点，照准时眼睛与瞄准器之间应保持一定的距离；③利用望远镜调焦螺旋使目标点成像清晰。

2. 水平角设置

在进行角度测量时，通过水平角设置将某一个方向的水平角设置成所希望的角度值，以便确定统一的计算方位。

水平角设置方法有以下两种：①通过锁定角度值进行设置；②通过键盘输入进行设置。

3. 垂直角百分度（V%）转换

将仪器调为角度测量模式，按以下操作进行：①按 F4（1）键转到显示屏第 2 页；②按F3（V%）键，显示屏即显示 V%，进入垂直角百分度模式。

（三）距离测量

距离测量必须选用与全站仪配套的合作目标，即反光棱镜。由于电子测距为仪器中心到棱镜中心的倾斜距离，因此，仪器站和棱镜站均需要精确对中、整平。在距离测量前应先进行气象改正、棱镜类型选择、棱镜常数改正、测距模式的设置和测距回光信号的检查，然后才能进行距离测量。

1. 大气改正的计算

大气改正值是由大气温度、大气压力、海拔高度、空气湿度推算出来的。改正值与空气中的气压或温度有关，计算公式为

$$PPM = 273.8 - \frac{0.2900 \times 气压值(hPa)}{1 + 0.00366 \times 温度值(°C)} \quad (m)$$

若使用的气压单位是 mmHg，按 1 hPa=0.76 mmHg 进行换算。

2. 大气折光和地球曲率改正

仪器在进行平距测量和高差测量时，可对大气折光和地球曲率的影响进行自动改正。

3. 设置目标类型

全站仪可设置为红色激光测距和不可见光红外测距，可选用的反射体有棱镜、无棱镜及反射片。用户可根据作业需要自行设置。使用时所用的棱镜须与棱镜常数匹配。当用棱镜作为反射体时，须在测量前设置好棱镜常数。一旦设置了棱镜常数，关机后该常数将被保存。

（四）坐标测量

坐标测量须先输入测站点坐标和后视点坐标或已知方位角。再通过机内软件由已知点坐标计算未知点坐标。

1. 设置测站点坐标

设置仪器（测站点）相对于测量坐标原点的坐标，仪器可自动转换和显示未知点（棱镜点）在该坐标系中的坐标，如图 4-1 所示。

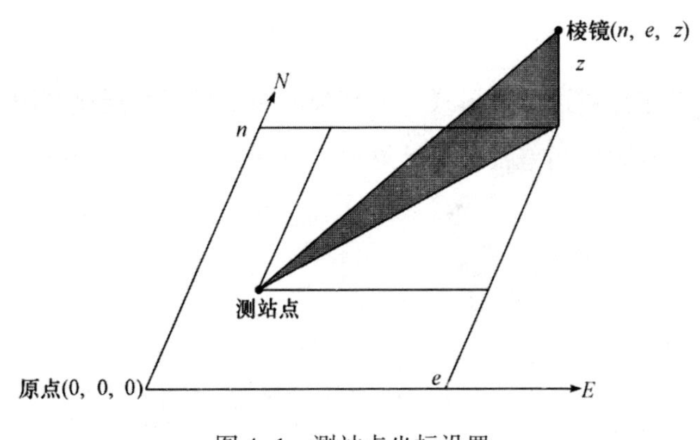

图 4-1　测站点坐标设置

2. 实施坐标测量

当设置好测站点坐标、仪器高和目标高以后，便可以着手进行坐标测量。

3. 放样测量

放样是测量工作中的一项重要内容，全站仪中的放样程序可根据放样点的坐标或手工输入的角度、水平距离和高程计算放样元素。该功能可显示出测量的距离与输入的放样距离之差（测量距离-放样距离=显示值）。

(五) 程序测量

大部分全站仪都带有各种实用的测量程序，不仅能完成常规的角度、距离和坐标放样测量，还能利用自带的测量程序完成一些比较复杂的特殊测量。

1. 悬高测量

悬高测量程序用于测定遥测目标相对于棱镜的垂直距离（高度）及其离开地面的高度（无须棱镜的高度），如图 4-2 所示。使用棱镜高时，悬高测量以棱镜作为基点，不使用棱镜高时，则以测定垂直角的地面点作为基点。上述两种情况下基准点均位于目标点的铅垂线上。

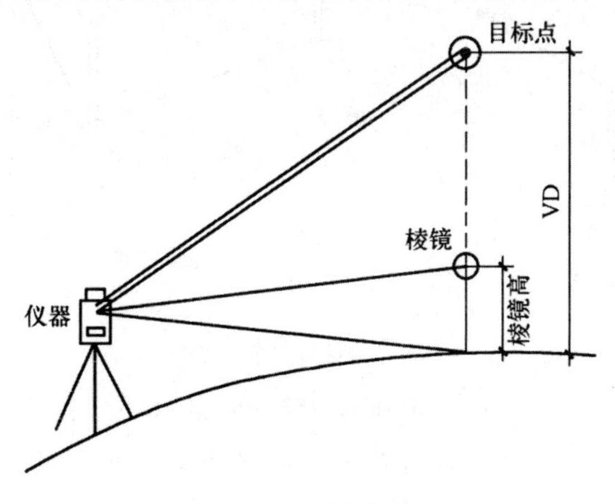

图 4-2　悬高测量原理

2. 对边测量

在任意测站位置选择对边测量模式，分别瞄准两个目标并观测其距离，即可计算出两个目标点间的平距、斜距和高差，还可计算出两点间的方位角，如图 4–3 所示。

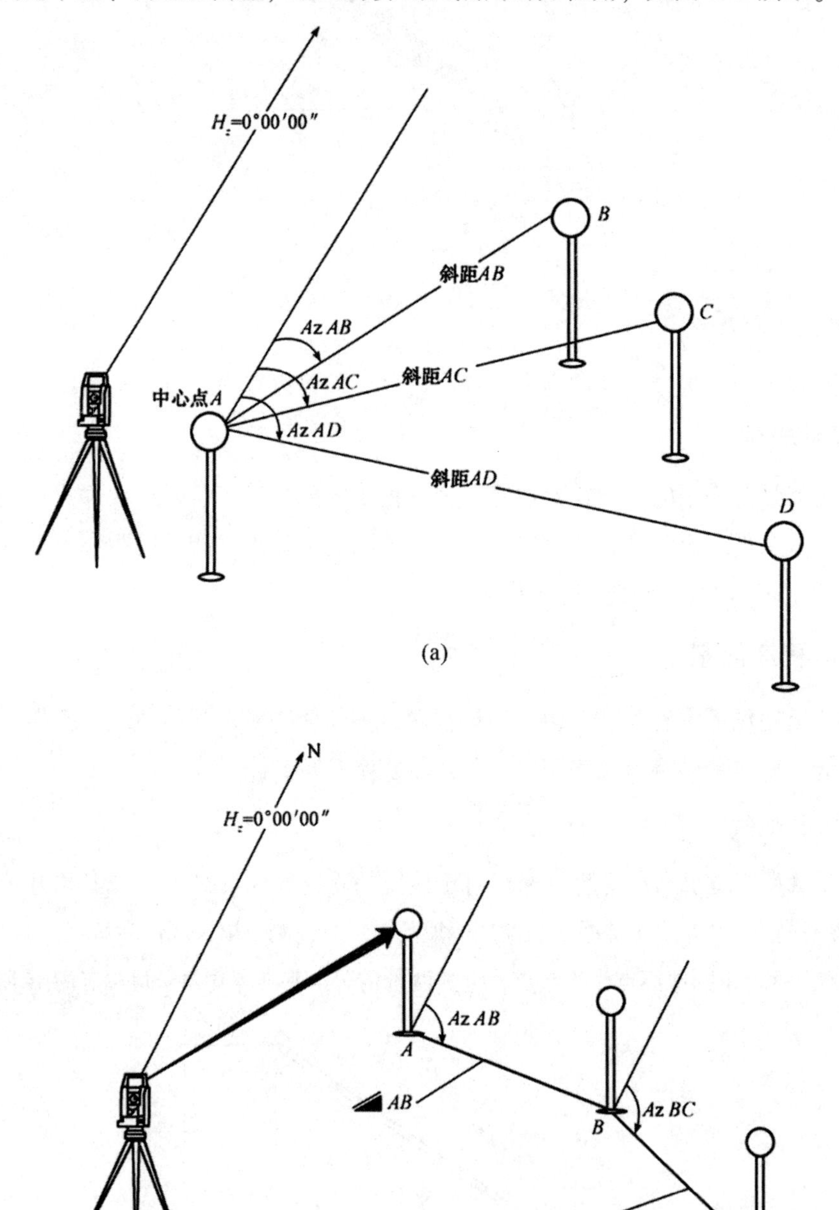

图 4–3　对边测量示意图

（a）（AB，AC）：测量 AB，AC，AD ⋯

（b）（AB，BC）：测量 AB，BC，CD ⋯

3. 面积计算

用全站仪的面积测量程序，可以实时测算目标点之间连线所包括的面积。利用该模式可以直接计算外业测量的闭合图形的面积。面积计算有以下两种方式：

①用坐标数据文件计算。该方式是先进行常规数据采集，然后调用该功能选择数据。属于后处理模式。②用测量数据计算面积。该方式是现场测量，当测量点数大于 2 时，仪器会自动计算出测点所围成的封闭图形面积。

（六）全站仪一般操作注意事项

全站仪一般操作注意事项包括以下几个方面：①使用前应结合仪器，仔细阅读使用说明书，熟悉仪器各功能和实际操作方法。②望远镜的物镜不能直接对准太阳，以免损坏测距部的发光二极管。③在太阳光照射下观测仪器，应给仪器打伞，并安上遮阳罩，以免影响观测精度。在杂乱环境下测量，仪器要有专人守护。当仪器架设在光滑的表面时，要用细绳（或细铅丝）将三脚架三个脚连起来，以防滑倒。④当测站之间距离较远时，搬站时应将仪器卸下，装箱后背着走。先把仪器装在仪器箱内，再把仪器箱装在专供转运用的木箱内，并在空隙处填以泡沫、海绵、刨花或其他防震物品。装好后将木箱盖子盖好。需要时应用绳子捆扎结实。行走前要检查仪器箱是否锁好，检查安全带是否系好。当测站之间距离较近时，搬站时可将仪器连同三脚架一起靠在肩上，但一定要尽量保持直立放置。⑤仪器安置在三脚架上之前，应旋紧三脚架的三个伸缩螺旋；仪器安置在三脚架上时，应旋紧中心连接螺旋。⑥运输过程中必须注意防震。⑦仪器和棱镜在温度的突变中会降低测程，影响测量精度。仪器和棱镜逐渐适应周围温度后方可使用。⑧作业前检查电压是否满足工作要求。⑨在仪器长期不用时，应以一个月左右的时间定期取出进行通风防霉，并通电驱潮，以保持仪器良好的工作状态。

第二节　GPS 的使用

一、GPS 概述

全球定位系统（GPS）是美国国防部研制的采用距离交会原理进行工作的新一代军民两用的卫星导航定位系统，具有全球性、全天候、高精度、连续的三维测速、导航、定位与授时能力，最初主要应用于军事领域，由于其定位技术的高度自动化及其定位结果的高精度，很快也引起了广大民用部门，尤其是测量单位的关注。特别是近十几年来，GPS 技术在应用基础研究，各领域的开拓及软件、硬件的开发等方面都取得了迅速的发展，使得该技术已经广泛地渗透到经济建设和科学研究的许多领域。GPS 技术给大地测量、工程测量、地籍测量、航空摄影测量、变形监测等多种学科带来了深刻的技术革新。

（一）GPS 组成

全球定位系统（GPS）由 GPS 空间卫星星座、地面监控系统和 GPS 用户设备三部分组成。

1. GPS 空间卫星星座

卫星星座由 21 颗工作卫星和 3 颗在轨备用卫星组成。24 颗卫星均匀分布在 6 个轨道平面内，轨道平面的倾角为 55°，卫星的平均高度为 20 200 km，运行周期为 11 h 58 min。卫星用 L 波段的两个无线电载波向广大用户连续不断地发送导航定位信号，导航定位信号中含有卫星的位置信息，使卫星成为一个动态的已知点。卫星通过天顶时，卫星的可见时间为 5 h，在地球表面上任何时刻，在卫星高度角 15°以上，平均可同时观测到 6 颗卫星，最多可达 11 颗卫星。在用 GPS 信号导航定位时，为了解算测站的三维坐标，必须同时观测 4 颗 GPS 卫星，称为定位星座。这 4 颗卫星在观测过程中的几何位置分布对定位精度有一定的影响。对于某地某时，甚至不能测得精确的点位坐标，这种时间段称为“间歇段”。但这种时间间歇段是很短暂的，并不影响全球绝大多数地方的全天候、高精度、连续实时的导航定位测量。

2. 地面监控系统

GPS 工作卫星的地面监控系统包括 1 个主控站、3 个注入站和 5 个监测站。主控站设在美国本土科罗拉多，其主要任务是根据各监测站对 GPS 卫星的观测数据，计算各卫星的轨道参数、钟差参数等，并将这些数据编制成导航电文，传送到注入站。另外，主控站还负责纠正卫星的轨道偏离，必要时调度卫星，让备用卫星取代失效的工作卫星；负责监测整个地面检测系统的工作；检验注入给卫星的导航电文，监测卫星是否将导航电文发给用户。3 个注入站分别设在大西洋的阿松森群岛、印度洋的迭哥伽西亚岛和太平洋的卡瓦加兰。注入站的主要任务是将主控站发来的导航电文注入相应卫星的存储器中。监测站除了位于主控站和注入站的 4 个站以外，还在夏威夷设置了一个监测站。监测站的主要任务是为主控站提供卫星的观测数据，每个监测站均用 GPS 信号接收机对每颗可见卫星每 6 min 进行一次伪距测量和积分多普勒观测，采用气象要素等数据。

3. GPS 用户设备

用户设备由 GPS 接收机、数据处理软件及其终端设备（如计算机）等组成。GPS 接收机可捕获到按一定卫星高度截止角所选择的待测卫星的信号，跟踪卫星的运行，并对信号进行交换、放大和处理，再通过计算机和相应软件，经基线解算、网平差，求出 GPS 接收机中心（测站点）的三维坐标。

（二）GPS 定位的基本原理

GPS 定位的基本原理是根据高速运动的卫星瞬间位置作为已知的起算数据，采用空间距离后方交会的方法，确定待测点的位置。如图 4-4 所示，假设 t 时刻在地面待测点上安置 GPS 接收机，可以测定 GPS 信号到达接收机的时间 Δt，再加上接收机所接收到的卫星星历等其他数据，可以确定以下四个方程式：

$$[(x_1-x)^2+(y_1-y)^2+(z_1-z)^2]^{1/2}+c(v_1-v_t)=d_1$$

$$[(x_2-x)^2+(y_2-y)^2+(z_2-z)^2]^{1/2}+c(v_2-v_t)=d_2$$

$$[(x_3-x)^2+(y_3-y)^2+(z_3-z)^2]^{1/2}+c(v_3-v_t)=d_3$$

$$[(x_4-x)^2+(y_4-y)^2+(z_4-z)^2]^{1/2}+c(v_4-v_4)=d_4$$

式中，(x_1, y_1, z_1)，(x_2, y_2, z_2)，(x_3, y_3, z_3) ——卫星 1、2、3、4 在 t 时刻的空间直角坐标。

v_1，v_2，v_3，v_4——时刻 4 颗卫星的钟差，它们均由卫星所广播的卫星星历来提供。

v_t —— t 时刻接收机的钟差。

c ——传播信号的速度。

d_1，d_2，d_3，d_4——所测 4 颗卫星 1、2、3、4 的距离。

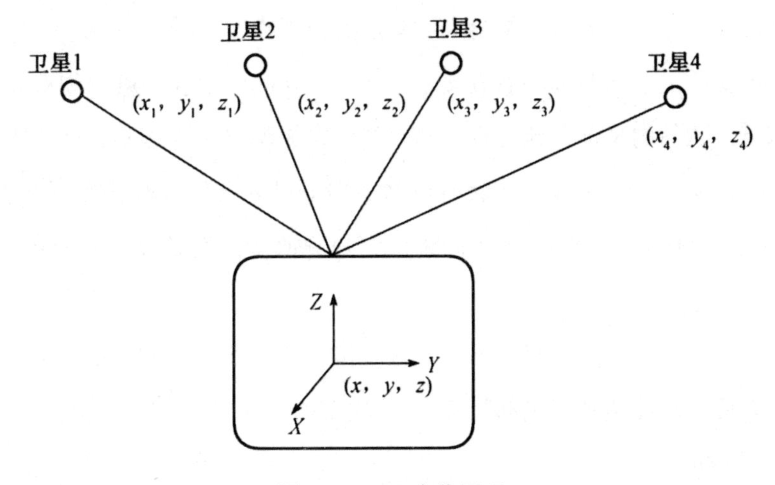

图 4-4　GPS 定位原理

利用GPS进行定位的方式有多种，按用户接收机天线所处的状态来分，可分为静态定位和动态定位；按参考点的位置不同，可分为单点定位和相对定位。

1. 静态定位与动态定位

静态定位。静态定位是指GPS接收机在进行定位时，待定点的位置相对其周围的点位没有发生变化，其天线位置处于固定不动的静止状态。此时接收机可以连续不断地在不同历元同步观测不同的卫星，获得充分的多余观测量，根据GPS卫星的已知瞬间位置，解算出接收机天线相对中心的三维坐标。由于接收机的位置固定不动，就可以进行大量的重复观测，因此，静态定位可靠性强，定位精度高，在大地测量工程测量中得到了广泛的应用，是精密定位中的基本模式。

动态定位。动态定位是指在定位过程中，接收机位于运动着的载体上，天线也处于运动状态的定位。动态定位使用GPS信号实时地测得运动载体的位置。如果按照接收机载体的运行速度，还可将动态定位分为低动态（几十米/秒）、中等动态（几百米/秒）、高动态（几千米/秒）三种形式。其特点是测定一个动点的实时位置，多余观测量少，定位精度较低。

2. 单点定位和相对定位

（1）单点定位

单点定位也称绝对定位，就是采用一台接收机进行定位的模式，它所确定的是接收机天线相位中心在WGS-84世界大地坐标系统中的绝对位置，因此，单点定位的结果也属于该坐标系统。GPS绝对定位的基本原理是以GPS卫星和用户接收机天线之间的距离（或距离差）观测量为基础，并根据已知可见卫星的瞬时坐标来确定用户接收机天线相位中心的位置。该方法广泛应用于导航和测量中的单点定位工作。

单点定位的实质是空间距离的后方交会。在一个观测站上，原则上须有3个独立的观测距离才可以算出测站的坐标，这时观测站应位于以3颗卫星为球心，相应距离为半径的球面与地面交线的交点上。因此，接收机对这3颗卫星的点位坐标分量再加上钟差参数，共有4个未知数，所以，至少需要4个同步伪距观测值，也就是说，至少必须同时观测4颗卫星。

GPS绝对定位方法的优点是只需要一台接收机，数据处理比较简单，定位速度快；但其缺点是精度较低，只能达到米级的精度。

（2）相对定位

GPS相对定位又称差分GPS定位，是采用两台以上的接收机（含两台）同步观测相同的 GPS 卫星，以确定接收机天线间相互位置关系的一种方法。其最基本的情况是用两台接收机分别安置在基线的两端，同步观测相同的 GPS 卫星，确定基线端点在世界大地坐标系统中的相对位置或坐标差（基线向量），在一个端点坐标已知的情况下，用基线向量推求另一待定点的坐标。相对定位可以推广到多台接收机安置在若干条基线的端点，通过同步观测 GPS 卫星确定多条基线向量。

当然，也可以使用多台接收机分别安置在若干条基线的端点，通过同步观测以确定各条基线的向量数据。相对定位对于中等长度的基线，其精度可达 $10^{-8} \sim 10^{-7}$ 相对定位也可按用户接收机在测量过程中所处的状态，分为静态相对定位和动态相对定位两种。

①静态相对定位

静态相对定位的最基本情况是用两台 GPS 接收机分别安置在基线的两端，固定不动；同步观测相同的 GPS 卫星，以确定基线端点在坐标系中的相对位置或基线向量，由于在测量过程中，通过重复观测取得了充分的多余观测数据，从而提高了 GPS 定位的精度。

②动态相对定位

动态相对定位的数据处理有两种方式：一种是实时处理；另一种是测后处理。前者的观测数据无须存储，但难以发现粗差，精度较低；后者在基线长度为数千米的情况下，精度为 1~2 cm，较为常用。

二、GPS 定位测量的技术要求

（一）各等级控制网的基线精度

$$\sigma = \sqrt{A^2 + (B \cdot d)^2}$$

式中，σ ——基线长度中误差（mm）。

A ——固定误差（mm）。

B ——比例误差系数（mm/km）。

d ——平均边长（km）。

（二）卫星定位测量控制网观测精度的评定

应满足下列要求：

1. 控制网的测量中误差

$$m = \sqrt{\frac{1}{3N}\left[\frac{WW}{n}\right]}$$

式中，m——控制网的测量中误差（mm）。

N——控制网中异步环的个数。

n——异步环的边数。

W——异步环环线全长闭合差（mm）。

2. 控制网的测量中误差

应满足相应等级控制网的基线精度要求，并符合下式的规定：

$$m \leqslant \sigma$$

（三）卫星定位测量控制网的布设

应符合下列要求：①应根据测区的实际情况、精度要求、卫星状况、接收机的类型和数量以及测区已有的测量资料进行综合设计。②首级网布设时，宜联测 2 个以上高等级国家控制点或地方坐标系的高等级控制点；对控制网内的长边，宜构成大地四边形或中点多边形。③控制网应由独立观测边构成一个或若干个闭合环或附合路线；各等级控制网中构成闭合环或附合路线的边数不宜多于 6 条。④各等级控制网中独立基线的观测总数，不宜少于必要观测基线数的 1.5 倍。⑤加密网应根据工程需要，在满足精度要求的前提下可采用比较灵活的布网方式。⑥对于采用 GPS-RTK 测图的测区，在控制网的布设中应顾及参考站点的分布及位置。

（四）卫星定位测量控制点位的选定

应符合下列要求：①点位应选在土质坚实、稳固可靠的地方，同时要有利于加密和扩展，每个控制点至少应有一个通视方向。②点位应选在视野开阔，高度角在 15°以上的范围内，应无障碍物；点位附近不应有强烈干扰接收卫星信号的干扰源或强烈反射卫星信号的物体。③充分利用符合要求的已有控制点。

三、GPS 控制网的布设形式

GPS 网的技术设计是一项基础性的工作。这项工作应根据 GPS 网的用途和用户的要求进行，其主要内容包括精度指标的确定和网的图形设计等。

（一）精度指标的确定

GPS 测量控制网的精度指标是以网中基线观测的距离误差来定义的。

$$m_D = a + b \times 10^{-6}D$$

式中，a——距离固定误差。

b ——距离比例误差。

D ——基线距离。

（二）网的图形设计

GPS 网的图形设计主要取决于用户的要求、经费、时间、人力以及所投入的接收机的类型、数量和后勤保障条件。根据不同的用途，GPS 网的图形布设通常有点连式、边连式、网连式和边点混连式四种基本连接方式。除此之外，也有布设成星形连接、三角锁式连接、导线网式连接等。选择何种组网，取决于工程所需要的精度、野外条件和接收机台数等因素。

1. 点连式

点连式图形相邻同步图形之间仅有一个公共点连接，如图 4-5 所示。这种方式所构成的图形几何强度很弱，没有或极少有非同步图形闭合条件，一般不能单独采用。图 4-5 中，有 15 个定位点，无多余观测（无异步检核条件），最少观测时段 7 个（同步环），最少观测基线为 $n-1=14$ 条（n 为点数）。

图 4-5　点连式图形

2. 边连式

边连式同步图形之间有一条公共基线连接，如图 4-6 所示。这种网的几何强度较高，有较多的复测边和异步图形闭合条件。采用相同的仪器台数，观测时段数将比点连式增加很多。

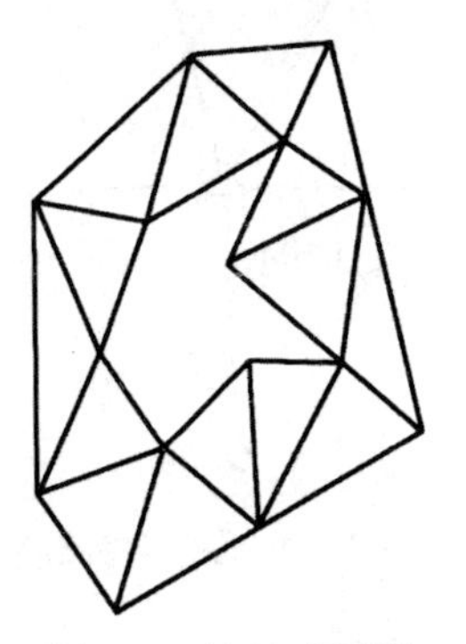

图 4-6　边连式图形

3. 网连式

网连式图形相邻同步图形之间由两个以上公共点相连接，如图 4-7 所示。这种方式需要 4 台以上接收机。显然这种密集的布点方法，其图形的几何强度和可靠性指标非常高，但花费的时间和经费也较多，一般只适用于较高精度的控制网。

4. 边点混连式

边点混连式图形将点连式和边连式有机地结合起来组网，以保证网的几何强度和可靠性指标，如图 4-8 所示。其优点是既保证了强度和可靠性，又减少了作业量，降低了成本，是一种较为理想的布网方法。

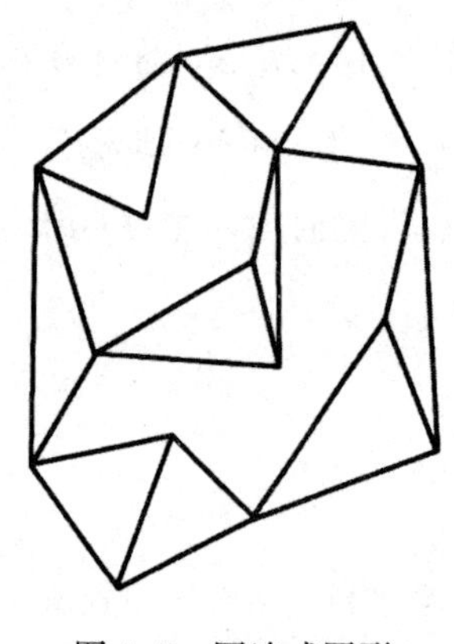

图 4-7　网连式图形

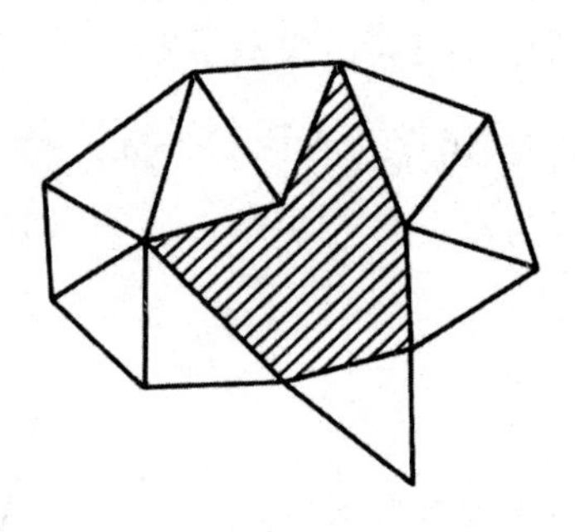

图 4-8　边点混连式图形

5. 星形网连接

星形网图形简单，直接观测边之间不构成任何图形，抗粗差能力极差，如图 4-9 所示。其作业只需两台接收机，是一种快速定位的作业图形，常用于快速静态定位与准动态定位。因此，星形网广泛应用于精度较低的工程测量，如地质、地籍和地形测量。

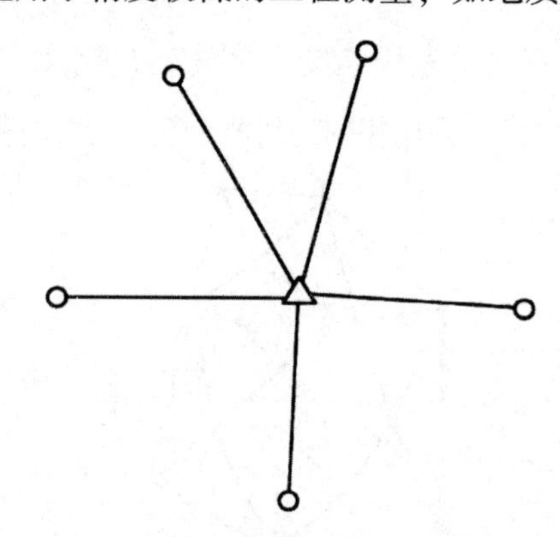

图 4-9　星形网连接图形

6. 三角锁式连接

三角锁式连接图形是用点连式或边连式组成连续发展的三角锁同步图形，如图 4-10 所示。这种连接方式适用于狭长地区的 GPS 布网，如铁路、公路、渠道及管线工程控制。

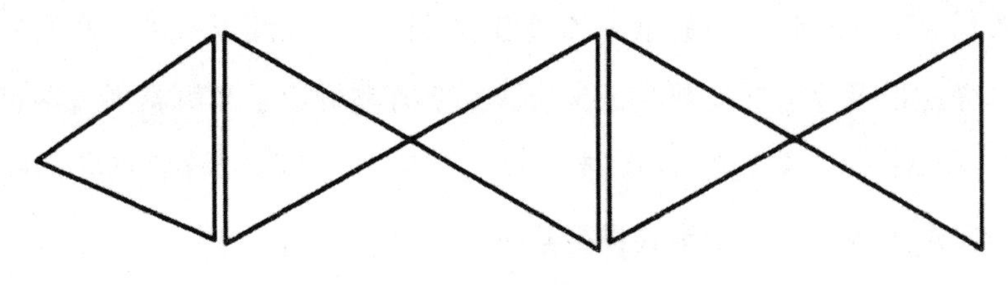

图 4-10　三角锁式连接图形

7. 导线网式连接

导线网式连接图形是将同步图形布设为直伸状，形如导线结构式的 GPS 网，各独立边应构成封闭形状，形成非同步图形，以增加可靠性，适用于精度较高的 GPS 布网，如图 4-11 所示。

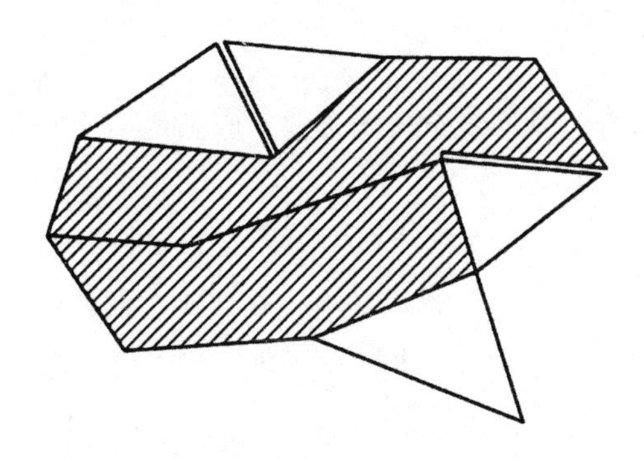

图 4-11　导线网式连接图形

四、GPS 测量外业实施

GPS 外业观测工作主要包括天线安置、开机观测、观测记录等内容。

天线安置。观测前，应将天线安置在测站上，对中、整平，并保证天线定向误差不超过 3°~5°，测定天线的高度及气象参数。天线的定向标志应指向正北，兼顾当地磁偏角，以减弱天线相位中心偏差的影响。

开机观测。在离开天线适当位置安放 GPS 接收机，接通接收机与电源、天线、控制器的连接电缆，并通过预热和静置，可启动接收机进行观测。测站观测员应按照说明书正确输入测站信息；注意查看接收机的观测状态；不得远离接收机；一个观测时段中，不得关机或重新启动，不得改变卫星高度角、采样间隔及删除文件；不能靠近接收机使用手机、对讲机；雷雨天应防雷击；严格按照统一指令，同时开、关机，确保观测同步。

观测记录。接收机锁定卫星并开始记录数据后，观测员可使用专用功能键和选择菜单，查看有关信息，如接收卫星数量、各通道信噪比、相位测量残差、实时定位的结果及其变化、存储介质记录等情况。观测记录形式主要有测量记录和测量手簿两种。测量记录由 GPS 接收机自动进行，均记录在存储介质上；测量手簿是在接收机启动前及观测过程中，由观测者按规程规定的记录格式进行记录。

五、GPS 测量数据处理

基线解算，应满足下列要求：①起算点的单点定位观测时间不宜少于 30 min；②解算模式既可采用单基线解算模式，也可采用多基线解算模式；③解算成果应采用双差固定解。

GPS 控制测量外业观测的全部数据应经同步环、异步环和复测基线检核，并应满足下列要求：

同步环各坐标分量闭合差及环线全长闭合差，应满足下式的要求：

$$W_x \leqslant \frac{\sqrt{n}}{5}\sigma$$

$$W_y \leqslant \frac{\sqrt{n}}{5}\sigma$$

$$W_z \leqslant \frac{\sqrt{n}}{5}\sigma$$

$$W = \sqrt{W_x^2 + W_y^2 + W_z^2}$$

$$W \leqslant \frac{\sqrt{3n}}{5}\sigma$$

式中，n ——同步环中基线边的个数。

W ——同步环环线全长闭合差（mm）。

异步环各坐标分量闭合差及环线全长闭合差，应满足下式的要求：

$$W_x \leqslant 2\sqrt{n}\sigma$$

$$W_y \leqslant 2\sqrt{n}\sigma$$

$$W_z \leqslant 2\sqrt{n}\sigma$$

$$W = \sqrt{W_x^2 + W_y^2 + W_x^2}$$

$$W \leqslant 2\sqrt{3n}\sigma$$

式中，n——异步环中基线边的个数。

W——异步环环线全长闭合差（mm）。

复测基线的长度较差，应满足下式的要求：

$$\Delta d \leqslant 2\sqrt{2}\sigma$$

当观测数据不能满足检核要求时，应对成果进行全面分析，并舍弃不合格基线，但应保证舍弃基线后，所构成异步环的边数不超过卫星定位测量技术要求的规定。否则，应重测该基线或有关的同步图形。

外业观测数据检验合格后，应按规定对 GPS 网的观测精度进行评定。

GPS 测量控制网的无约束平差，应符合下列规定：①应在 WGS-84 坐标系中进行三维无约束平差，并提供各观测点在 WGS-84 坐标系中的三维坐标、各基线向量三个坐标差观测值的改正数、基线长度、基线方位及相关的精度信息等；②无约束平差的基线向量改正数的绝对值，不应超过相应等级的基线长度中误差的 3 倍。

GPS 测量控制网的约束平差，应符合下列规定：①应在国家坐标系或地方坐标系中进行二维或三维约束平差；②对于已知坐标、距离或方位，可以强制约束，也可加权约束；③平差结果，应输出观测点在相应坐标系中的二维或三维坐标、基线向量的改正数、基线长度、基线方位角等，以及相关的精度信息。需要时，还应输出坐标转换参数及其精度信息。

第五章 管理与测绘工程管理

第一节 管理、管理者与管理学

一、管理

（一）管理的产生

管理作为一种普遍的社会活动，其产生的历史悠久。世界著名的金字塔、中国的长城和至今仍灌溉着成都平原的都江堰水利工程都表明，几千年前人类就能够完成规模浩大的、由成千上万人参加的大型工程。其宏伟的建设规模都是人类管理和组织能力的见证。以金字塔为例，建成一座金字塔要动用10万人干20年，是谁来吩咐每个人该干什么？谁来保证在工地上有足够的石料让每个人都有活干？答案是管理。不管当时人们怎么称呼管理，总得有人计划要做什么，总得有人组织人们去做这件事，得有人指挥人们去做，以及采取某些控制措施来保证每件事情都按计划进行。

历史上，当管理活动主要是由少数统治者或生产资料所有者所从事的活动时，人们常常把管理概括为管辖、治理。这种概括强调了管理中的权力因素，并以“治国，平天下”为主要内容，其意与“统治”一词相近，带有浓厚的政治色彩。对此，孙中山先生曾做过很好的解释。他说：“政治两字的意思，浅而言之，政就是众人之事，治就是管理，管理众人之事便是政治。”到了资本主义时期，随着商品经济和生产社会化的发展，当企业成为社会经济普遍的经济组织形式，经济竞争成为社会发展的主要动力，追求最大利润成为资本家的主要目标时，人们对管理的研究逐渐从政治转向经济，特别是转向企业管理。

总之，在漫长的历史长河中，管理一直是人类组织活动的一个最基本的手段，它存在于一切领域、一切部门和一切组织之中。大到一个大的跨国企业、一个国家；小到一个商店、一个班组，无一不需要进行有效的管理。管理的实践活动是人类社会任何历史阶段不可缺少的普遍的活动，管理是带有普遍性的人类实践活动。

（二）管理的含义

关于管理的含义，不同的学者有着不同的认识。

1. 中国古代管理的含义

“管”，在我国古代指钥匙，后来引申为管辖、管制之意，体现着权力的归属。“理”，本意是处理玉，后来引申为整理或处理。“管”“理”二字连用，即表示在权力的范围内，对事物的管束和处理过程。后来孔子概括为“治国，平天下”。

2. 西方管理的含义

人类在实践中发现，许多人在一起工作就能够完成个人无法完成的任务，于是慢慢产生了各种社会组织。在组织内，为了协调每个人的行动，解决意见分歧，使大家共同服从于组织目标，就产生了管理。实际上，人类活动被分成了两部分：其一是作业活动，即人们所从事的各种具体劳动；其二是管理活动，即为实现具体劳动而进行的协调、领导、指挥等活动。

在西方，由于众多学者研究的角度不同，对管理含义的认识也不同，比较具有代表性的有以下几种：①孔茨在其《管理学》一书中指出：“管理就是设计和保持一种良好环境，使人在群体里高效率地完成既定目标。”②德鲁克认为：“管理是什么的问题应该是第二位的，应该通过管理的任务来阐明管理。”③西蒙认为：“管理就是决策，决策贯穿于管理的全部过程。”④罗宾斯认为：“管理是指同别人一起，或通过别人使活动完成得更有效的过程。”

3. 我国学者对管理的定义

我国学者对管理定义的认识与描述并不完全一致，综述各种不同认识，我们可以认为：管理就是管理者通过计划、组织、领导和控制等环节来协调所有资源，以有效地实现组织目标的过程。

从以上对管理定义的描述中，可以看出这个定义包含着以下六层含义：①管理的主体是管理者；②管理的客体是所有资源；③管理的实质是协调；④管理的手段或措施是计划、组织、领导和控制；⑤管理的载体是组织；⑥管理的目的是有效地实现组织目标。

此外，这里所指的有效不仅包括效率，而且包括效果。

效率（Efficiency）：Do the thing right，是输入与输出的关系。

效果（Effectiveness）：Do the right thing，是指实现预定的目标。

（三）管理的职能

管理的职能，即管理过程中的要素或手段。关于管理的职能，至今众说纷纭。这里介绍几种具有代表性的提法：①法约尔（最早的或古典的提法）：计划（Plan）、组织（Organize）、指挥（Command）、协调（Coordinate）和控制（Control）；②古利克和厄威克：计划、组织、人事、指挥、协调、报告和预算；③孔茨：计划、组织、人事、领导和控制；④罗宾斯（常见的提法）：计划、组织、领导和控制。

（四）管理的二重性

管理的二重性可分为自然属性和社会属性。①自然属性（一般属性）：同生产力、社会化大生产相联系；②社会属性（特殊属性）：同生产关系、社会制度相联系，不同的社会制度，生产目的、管理方式不同，其社会属性不同。比如企业管理者要服从生产资料所有者的意志和利益（以国有企业为例）。

（五）管理的重要性

关于管理的重要性，主要有两种观点。①管理万能论（Omnipotent view of management）：认为管理者对组织的成败负有直接的责任。这是管理学理论和社会中占支配地位的观点。它认为在实践中，成功的企业都有一个优秀的管理者。②管理象征论（Symbolic view of management）：认为管理者对组织成败的影响非常有限，组织的成败在很大程度上是由于管理者无法控制的外部力量。

二、管理者

（一）管理者及其分类

1. 组织中的成员

组织中的成员根据其在组织中的地位和作用不同分为两类。①操作者（Operatives）：直接从事某项工作，不具有监督他人工作的职责；②管理者（Managers）：指挥别人活动并为其工作好坏负责任的人，在组织中有一定的职权。

在组织中区分管理者和操作者并不难，因为管理者一般都有某种头衔。

2. 管理者的分类

根据管理者所处的地位与层次不同可分为以下几类：①高层管理者，对组织负有全面的责任，其职责主要是制定组织的目标和战略等。②中层管理者，其职责是贯彻高层管理者制定的大政方针，指挥基层管理者的活动。③基层管理者，其职责是直接指挥和监督现场作业人员，保证完成上级下达的各项工作任务。

根据管理者在组织中所起的作用不同可分为以下几类：①业务管理者，对组织目标的实现负有直接责任；②财务管理者；③人事管理者；④行政管理者。

（二）管理者的角色

根据管理学大师亨利·明茨伯格（Henry Mintzberg）对5位总经理的工作的仔细观察与研究，不论哪种类型以及组织和在组织的哪个层次上，管理者都扮演着10种不同但却是高度相关的角色。这10种角色可以组合成三个方面：人际关系、信息和决策。

1. 人际关系（Interpersonal roles）方面

管理者与人发生各种联系时所担当的角色，包括以下三种：①挂名首脑（Figurehead），如接待来访者；②领导者（Leader），如对下属的激励、人员的配备和培训等；③联络者（Liaison），与上级和外部联系，从事有外部人员参加的活动，如参加外界的各种会议和社会活动。

2. 信息（Information）方面

管理者在获取、处理和传递各种信息时所担当的角色，包括以下3种：①监听者（Monitor），寻求和获取各种信息，如阅读期刊和报告；②传播者（Disseminator），将获得的信息传递给组织的其他成员；③发言者（Spokesperson），向外界发布有关组织的计划、政策、行动、结果等信息。

3. 决策（Decision）方面

①企业家（Entrepreneur），寻找组织和环境中的机会，制定战略；②混乱驾驭者（Disturbance handler），当组织面临重大、意外的动乱时，负责采取补救行动；③资源分配者（Resorce allocator），分配组织中的各种资源；④谈判者（Negotiator），在谈判中作为组织的代表。

研究表明，管理者角色的重要性在大企业与小企业中是不同的，在小企业中重要的是发言人，而在大企业中是资源分配者。同时，对于不同层次的管理者，其重要性也是不同的。对于基层管理者，领导者角色比较重要；而对于高层管理者，传播者、挂名首脑、谈判者、联络者和发言人角色比较重要。

（三）管理者的技能

1. 技术技能

技术技能是指使用某一专业领域内有关的程序、技术、知识和方法完成组织任务的能力。

2. 人际技能

人际技能是指与处理人际关系有关的技能，即理解、激励他人并与他人共事的能力。

3. 概念技能

概念技能是指综观全局、认清为什么要做某事的能力，也就是洞察企业与环境要素间相互影响和作用的能力。

对于不同层次的管理者而言，三种技能的重要性是不同的。一般地，对于高层管理者来说，最重要的是概念技能；对于基层管理者来说，最重要的是技术技能；人际技能对于各个层次的管理者来说都是重要的。

（四）管理者能力的培养与提高

管理者如何才能获得或提高自己的管理技能呢？基本的途径有两个：①通过教育获得管理知识和技能；②通过实践提高管理能力。

三、管理学

各类组织管理工作中普遍适用的原理和方法是管理学的研究对象。像其他许多社会科学一样，管理学的研究方法基本上有三种：①归纳法，即由特殊到一般；②试验法；③演绎法，即由一般到特殊。

（一）管理学的构架

当前，关于管理学的构架，不论是国外的管理学著作，还是国内的管理学著作，都不一致。但是主流的观点是按管理职能展开管理学的构架。

（二）管理学的特点

管理学作为一门学科，与其他学科相比有很多特点，了解这些特点，将有助于学好管理学。

1. 综合性

管理学的主要目的是指导管理实践活动。而由于管理活动的复杂性，作为管理者，仅掌握一方面的知识是远远不够的，只有具备广博的知识，才能对各种管理问题应付自如。以企业为例，厂长、经理要处理有关生产、销售、计划和组织等问题，就要了解或熟悉工艺、预测方法、计划方法和授权的影响因素等，这里包括了工艺学、统计学、数学、政治学、经济学等内容；而最主要的，厂长要处理企业中与人有关的各种问题，像劳动力的配置、工资、奖励、调动人的积极性和协调各部门之间的关系等，这些问题的解决又有赖于心理学、人类学、社会学、生理学、伦理学等学科的一些知识和方法。机关、医院、学校等组织的管理活动也有类似的情况。管理活动的复杂性、多样性决定了管理学内容的综合性。管理学就是这样一门综合性学科，它不分门类，针对管理实践中所存在的各种活动，在人类已有的知识宝库中广泛收集对自己有用的东西，并加以拓展，以便更好地指导人们的管理实践，这是管理学的一大特点。

2. 科学性与艺术性

管理学首先是一门科学，这是因为它确实具有科学的特点。

（1）客观性

管理学研究的是各种组织的管理活动，它从客观实际出发，揭示管理活动的各种规律。这些规律是客观存在的，只有遵循这些规律，管理活动才能收到预期的效果；违反了这些规律，则必然受到惩罚。

（2）实践性

管理学是从实践中产生并发展起来的一门学科，它来自实践，其内容都是人类多年来实践经验的总结；又服务于实践，其直接目的就是有效地指导实践。

（3）理论系统性

管理学已经形成了一整套理论，这是通过对大量的实践经验进行概括和总结而完成的。管理学的各个部分所包括的内容相互间有着紧密的联系，从而形成了一个合乎逻辑的系统。

（4）真理性

管理学的真理性是不言而喻的，它的许多原则都是经过了实践的反复检验才抽象出来的。因此，它是一种科学知识，是对客观事物及其规律的真实反映。

（5）发展性

管理学处于不断发展、完善的过程当中。因为受到各方面条件的限制，它不可能达到尽善尽美的程度，要在发展中不断充实、完善，有些内容还要进行修正，这样才能更有效地指导实践。

总之，管理学完全具备科学的特点，确实是一种反映客观规律的综合的知识体系。此外，管理学还要利用严格的方法来收集数据，并对数据进行分类和测量，建立一些假设，然后通过验证这些假设来探索未知的东西，所以我们说管理学是一门科学。

那么，为什么说管理学又是一门艺术呢？这是因为艺术的含义是指能够熟练地运用知识，并且通过巧妙的技能来达到某种效果。而有效的管理活动正需要如此。真正掌握了管理学知识的人，应该能够熟练、灵活地把这些知识应用于实践，并能根据自己的体会不断创新。这一点与其他学科不同。如学会了数学分析，就能求解微分方程；背熟了制图的所有规则，就能画出机器的图纸。管理学则不然，背会了所有管理原则，不一定能够有效地进行管理，重要的是培养灵活运用管理知识的技能，这种技能在课堂上是很难培养的，需要在实际管理工作当中去掌握。

管理的科学性与艺术性并不相互排斥，而是相互补充的。所以，管理是科学性与艺术性的统一。

3. 不精确性

在给定条件下能够得到确定结果的学科称为精确的学科。数学就是一门精确的学科，只要给出足够的条件或函数关系，按一定的法则进行演算就能得到确定的结果。管理则不同，在已知条件完全相同的情况下，有可能产生截然相反的结果。用管理学的术语来解释这种现象，就是在投入的资源完全相同的情况下，其产出却可能不同。比如两个企业，已知其生产条件、人员素质和领导方式完全相同，但它们的经营效果可能相差甚远。为什么会出现这种现象呢？这是因为影响管理效果的因素太多，许多因素是无法完全预知的。如国家的方针、政策和法令，自然环境的突然变化，其他企业的经营决策等。这种无法预知的因素被称为“本性状态”。正是由于“本性状态”的存在，才造成了管理结果的多样性。实际上，所谓“两个企业的投入完全相同”这句话本身就是不精确的，因为“投入”不可能完全相同，即使表面上数量、质量、种类完全相同，人的心理因素也不可能完全相同。管理主要是同人发生关系，对人进行管理，那么人的心理因素就必然是一种不可忽略的因素。而人的心理因素是难以精确测量的。在这样的复杂情况下，我们还没有找出更有效的定量方法来使管理本身精确化，而只能借助于定性的办法，或者利用统计学的原理来研究管理，因此，我们说管理是一门不精确的学科。

（三）如何学习管理学

1. 准确、深刻地理解

许多人认为管理学非常容易学，书本上的内容一看就懂。这是对管理学很大的误会。管理学作为介绍管理的最基本理论的学科，其内容都是高度精练、高度抽象的，许多概念、理论的背后，都有丰富的背景和含义。仅仅把书本上的文字背得滚瓜烂熟，而不去领悟文字背后的东西，其实只是学到了管理学的皮毛。要学好管理学，一定不能满足于背熟、记住，更要弄明白为什么这样讲，在实际中怎么用，即不仅要知道 what，还要知道

why 和 how。

2. 理论联系实际

理论联系实际是学习管理学最重要的方法。管理学是致用之学，而且它也是来自于实践的。所有的管理理论，都是对实践经验的总结和升华。把理论与实际相联系，可以有两条途径。

一是联系自己的实践经验。无论我们是管理者还是被管理者，在实际工作或学习中都会亲身经历或耳闻目睹各种各样的人和事，在学习理论时，联想一下自己的经历、体会，而不是一味地死记硬背，将有助于对理论的理解。其实，对于管理学中讲的大部分内容，我们都不会一无所知。

二是借助案例。一个人的实践经验总是有限的，要联系自己没经历过的实践，就只有靠间接经验了。正是出于这样的目的，美国哈佛商学院在 20 世纪 20 年代创造了案例教学法。作为一种成功的教学与学习方法，这种方法迅速得以流传。案例是对实际管理问题的客观描述，具有很强的真实性、典型性，每个案例中都隐含了一个或几个方面的管理原理。正因为案例具有这样的一些特点，它就成为人们进行模拟训练、将理论与实际相联系的有力工具。但遗憾的是，国内现在出版的管理学案例还不多，已有的案例大多也比较分散，这对管理学的学习带来了一定的困难。即使如此，这条路还是不能放弃的。除了找现成的案例外，多读一些管理方面的书籍、报纸、杂志对学习也有很大的帮助。理论联系实际要求学生有很高的主动性，要积极思考、善于思考。

3. 转变思维方式

学习、研究和应用管理学，需要养成特定的思维习惯和思维方式，这些思维方式主要包括定性思维和系统思维。

（1）定性思维

管理学的研究和表述主要是应用定性方法，即使有些地方用到了定量方法，也往往是不严格的，需要与定性相结合。例如期望值理论，其公式表述是 $M=VE$，如果完全用定量思想考虑的话，显然 E 越大越好，但人的心理因素却否定了这一点。上述公式并不能完整地表达期望值理论的含义，而必须辅之以定性的描述。在管理学中，定量方法往往只是借以描述问题的手段，不要只看到其形式，而应深刻理解其思想内涵。

与定性思维相关的是不精确思维。管理学是一门不精确的学科，这要求我们的思维方式也不能强求精确。例如，菲德勒的权变理论对八种不同情境的区分、领导生命周期理论对四个象限的区分，都是不精确的，在实际中，我们不可能精确地做出这种区分，不同情境、不同领导方式之间的界限往往是很模糊的。在做管理学的练习题时常常会有这样的感觉，几个选项都有道理，很难断言这个选项是错误的，那个选项是正确的。这告诉我们，在管理问题上，我们不能总是用“正确”与“错误”这样泾渭分明的标准来做判断，而必须树立“最佳”思想，即通过比较哪种方案或说法“更好”“更有道理”来做出判断和选择。

（2）系统思维

组织作为一个整体是由各要素通过有机结合而构成的，各要素相互联系、相互作用、相互影响，其中每个要素的性质或行为都将影响整个组织的性质和行为。因此在进行管理时，就要考虑各要素之间的相互关系，考虑每个要素的变化对其他要素和整个组织的影响。这种从全局或整体考虑问题的方式就称为系统思维。系统思维强调的主要有以下几点：①相互作用、相互依存性。系统中的各要素不是简单地堆积或叠加，它们相互作用、相互制约，互为存在的条件，具有整体性与协作性。管理的各项职能就是一个系统，我们只是为了研究的方便才把管理分为一项一项职能的，它们不是彼此独立而是密切相关的。②重视系统的行为过程，即从行为与功能的角度来确定系统的要素及其联系，同时，为了更好地把握住系统的功能与行为，也注重对系统的结构进行分析。③根据研究目的来考查系统。系统的要素及联系，乃至系统与外部环境的边界等内容，都与研究目的有关。这正如我们前面提到过的，管理强调目的性，管理的一切活动都要为实现组织目标服务，正是因为有了同样的目标，不同的管理职能、管理活动才成为一个整体。④系统的功能或行为可以通过输入与输出关系表现出来。即可以把系统看作一个转换模式，它接受投入，在系统中进行转换，从而输出产出。⑤系统趋向目标的行为是通过信息反馈，在一定的有规律的过程中进行的。所谓反馈，是指将系统的产出或系统运行过程中的信息作为系统的投入返回系统而使转换过程和未来产出发生变化。⑥系统具有多级递阶结构。任何系统都是由次一级的子系统所组成的，同时它又是高一级系统的子系统或组成部分。一个企业可以看成一个系统，它是由人事、生产、销售、财务等次一级子系统组成的，同时它又是整个国民经济的一个子系统。⑦等价原则。系统某一给定的最终状态可以通过不同的方式、不同的途径来达到，这些不同的方式和途径是等价的。这种观点认为，组织可以通过不同的投入和不同的内部运动来达到组织目标。管理活动并不一定非要寻找最优的、固定的解决办法，而在于寻求各种可能的、令人满意的解决方案。⑧开放系统与封闭系统。系统按其与外部环境的关系分为开放系统和封闭系统。开放系统是指系统本身和外部环境有信息交流。封闭系统是与外部环境没有信息交流的系统。但开放与封闭都是相对的，不是绝对的。例如，现代企业与传统企业相比，前者是一个开放系统。⑨系统通过其要素的变化而得到发展，最后达到进一步整合，即达到更高层次的整体优化。这一过程可以由外部施加影响来完成，也可以由内部机制变化来完成。

建立这种系统思维对学习管理和从事管理工作都是十分重要的。在学习过程中要注意前后联系、融会贯通。学习管理学的过程是一个“整分合”的过程，即首先把管理学这个整体分成一项项职能、一个个概念、一种种理论来分别学习，然后再把这些零散的内容联系起来，形成一个系统。能否形成系统，是检查自己是否学好了管理学的标准之一。

第二节　管理原理与管理方法

一、管理原理

所谓管理的基本原理，是对客观事物的实质及其运动规律的基本表述。学习和掌握管理的基本原理，对做好任何一项管理工作都有普遍的指导意义。但是，真正做好工作还必须掌握与基本原理相应的若干管理原则。所谓管理原则，是反映客观事物的实质和运动规律而要求人们共同遵守的行动规范。现代管理原理是一个涉及多领域、多层次的重大理论问题，这里主要讲述系统原理、人本原理、动态原理和效益原理及相应原则。

（一）系统原理

1. 系统的含义及特征

所谓系统，是指由相互作用和相互依赖的若干组成部分（要素）结合而成的具有特定功能的有机整体。明确系统的特征是认识系统的关键，系统有如下四个特征。

（1）目的性

每个系统都应有明确的目的，不同的系统有不同的目的。系统的结构不是盲目建立的，而是按系统的目的和功能建立的。要根据系统的目的和功能设置子系统的位置，建立子系统之间的联系。在组织、调整系统的结构时，要强调子系统服从主系统的目的。

由于种种原因，在已有的系统中常常存在着没有明确目的性的子系统，它们是产生内耗的根源。因此，必须及时调整，使每个子系统都有确定的功能，为实现系统的目的而共同努力。一个系统通常只有一个目的；如果一个系统有多个目的，必然相互干扰，不易实现优化。

（2）整体性

整体性是指具有独立功能的各子系统围绕共同的目标而组成不可分割的整体。任何一个系统要素不能离开系统整体而孤立地发挥作用，要素之间的联系和作用必须从整体协调的角度考虑。所以，对系统进行控制时，只有从系统整体的目的出发，局部服从全局，才能使系统整体功能超过系统内各要素的功能之和。

（3）层次性

层次性是系统的本质属性，是指系统内各组成要素构成多层次递阶结构。这个多层次递阶结构通常呈金字塔形。

（4）环境适应性

环境适应性是指系统要适应环境的变化。任何一个系统都存在于一定的物质环境之中，都要与环境进行物质的、能量的和信息的交换。环境的变化对系统有很大的影响，只有经常与外部环境保持最佳适应状态的系统才是理想的系统；不能适应环境变化的系统是难以生存的。

2. 系统原理的内容及原则

（1）系统原理的内容

从管理的对象分析，任何管理对象都是一个特定的系统。现代管理的每一个基本要素都不是孤立的，它们根据整体目标相互联系，按一定的结构组合在一起，既在自己的系统之内，又与其他各系统发生各种形式的联系。因此，为了达到管理的优化目标，必须对管理对象进行细致的系统分析，这就是管理的系统原理。

系统原理认为：任何管理对象都是一个整体的动态系统，而不是一个个孤立分割的部分，必须从整体看待部分，使部分服从整体；同时还应当明确，不但眼下管理的对象是一个整体系统，而且这个系统还是更大系统的一个构成部分，应该从更大的全局考虑，摆好自己系统的位置，使之为更大系统的全局服务。如何运用系统原理来分析具体管理对象呢？一般说来要将管理对象看作一个系统，对以下方面进行分析：①系统要素方面，分析系统是由什么组成的，它的要素是什么，可以分为怎样的一些子系统；②系统结构方面，分析系统内部的组织结构如何，各要素相互作用的方式是什么；③系统功能方面，弄清系统及其要素具有什么功能；④系统集合方面，弄清维持、完善与发展系统的源泉和因素是什么；⑤系统联系方面，研究这一系统与其他系统在纵横方面的联系怎样；⑥系统历史方面，研究系统如何产生，发展阶段及发展前景如何。

系统原理是贯穿整体管理过程中的第一个基本原理，这个原理在实践中可具体化为若干管理原则。

（2）系统原理的原则

整分合原则：整分合原则是指对一项管理工作要进行整体把握、科学分解、组织综合。具体地说：①首先必须对完成整体工作有充分细致的了解（整的意思）；②在此基础上，将整体科学地分解为一个个组成部分，据此明确分工，制定工作规范，建立责任制（分的意思）；③然后进行总体组织综合，实现系统的目标（合的意思）。

管理者的责任在于从整体要求出发，制定系统的目标，进行科学的分解，明确各子系统的目标，按照确定的规范检查执行情况，处理例外和考虑发展措施。在这里，分解是关键，分解正确，分工就合理，规范才明确、科学。现代管理强调分工，但分工仅是围绕目标对管理的工作进行分解，而不是对管理功能的分解。正如列宁所说，管理的基本原则是一定的人对所管的一定的工作完全负责。

相对封闭原则：相对封闭原则是指对于一个系统内部，管理的各个环节必须首尾相接，形成回路，使各个环节的功能作用都能充分发挥；对于系统外部，又必须具有开放性，与相关系统有输入与输出关系。

既然管理在系统内部是封闭的，管理过程中的机构、制度和人都应是封闭的。管理机构应该有决策机构、监督机构、反馈机构和执行机构。执行机构必须准确无误地贯彻决策机构的指令，为了保证这一点，应有监督机构。没有准确的执行，就没有正确的输出，为了检查输出，还要有反馈机构，有了反馈机构，才能保证决策的准确，这样形成了封闭系统。法的管理也要形成回路，不仅要有一个尽可能全面的执行法，而且应有对执行的监督法、反馈法、仲裁法。只有形成一个封闭的法网，才能法网恢恢，疏而不漏。管理中的人也应是封闭的，要一级管一级，一级对一级负责，形成回路才能发挥各级的作用。不封闭的管理没有效能。

（二）人本原理

1. 人本原理的内容

现代管理认为管理的核心是人，管理的动力是人的积极性。一切管理均应以调动人的积极性、做好人的工作为根本，这就是管理的人本原理。

人本原理要求每个管理者必须明确，要做好整个管理工作，管好资金、技术、时间、信息等，首先都必须紧紧抓住做好人的工作这个根本，使全体人员明确整体目标、自己的职责、相互的关系，主动地、创造性地完成自己的任务。

承认人本原理就要反对见物不见人、见钱不见人、靠权力不靠人的错误认识和做法。要把人的因素放在第一位，重视如何处理人与人的关系，创造条件来尽量发挥人的能动性。要强调和重视人的作用，就要善于发现人才、培养人才和使用人才，树立新的人才观念、民主观念、行为观念和服务观念，搞好对人的管理。

2. 人本原理的原则

人本原理强调以人为核心的管理，与之相应，要研究人的能级原则、动力原则和行为原则。

（1）能级原则

能量是物理学上的名词，表示做功的量。能级是指微观粒子系统在束缚状态只能处于一系列不连续的、分立的稳定状态，这些状态分别具有不同的能量。人们把这些状态按大小排列起来，形成梯级，这就是能级。在管理中，机构、法和人同样有一个本领大小的问题，有一个能量问题。按一定标准、一定规范、一定秩序将管理中的机构、法和人分级，就是管理的能级原则。

管理的能级是不依人们的意志为转移而客观存在的，正是能级构成了管理的“场”和“势”，使管理有规律地运动。管理的任务是建立一个合理的能级，使管理内容能动地处于相应的能级中去。

①管理能级必须具有分层的、稳定的组织形态。任何一个系统的结构都是分层次的，层次等级结构是物质普遍存在的方式，管理系统也不例外。管理层次不是随便划分的，各层次也不是可以随便组合的。稳定的管理结构应是上面具有尖锐锋芒、下面又有宽厚基础的正三角形。管理系统划分为若干个层次，可以指导人们科学地分解目标。②不同能级应该表现出不同的权力、物质利益和精神荣誉。权力、物质利益和精神荣誉是能量的一种外在体现，只有与能级相对应，才符合封闭原则。在其位，谋其政，行其权，尽其责，取其值，获其荣，惩其误。有效的管理不是消灭或拉平这种权力利益和荣誉上的差别；恰恰相反，必须对应不同能级给予相当的待遇。③各类能级必须动态地对应。人有各种不同的才能，管理岗位有不同的能级，只有相应的人才处于相应能级的岗位上，管理系统才能处于高效运转的稳定状态。

怎样才能实现管理能级的对应？各类管理人员首先必须树立正确的人才观念，认识到人才是决定国家科技水平和生产力高低的决定性因素。人才是财富，要珍惜、爱护和尊重人才，要善于发现、识别人才，要创造条件保证人们在各个能级中不断地自由运动，通过各个能级的实践，施展、锻炼和检验人们的才能，使之各得其位。

总之，只有岗位能级合理有序，人才运动无序，才能实现合理的管理。

（2）动力原则

管理活动必须有强大的动力，离开动力，管理活动无法进行。正确地运用动力，使管理持续而有效地进行下去，并达到管理组织整体功能和目标的优化，这就是管理的动力原则。

管理动力是管理的能源。正确运用管理动力可以激发人的劳动潜能和工作积极性。管理动力也是一种制约因素。它能够减少组织中各种资源的相互内耗，使各种资源有序运动。一般来说，在管理中有三种不同而又相互联系着的动力。

①物质动力

物质动力是指通过一定的物质手段，推动管理活动向特定方向运动的力量。对物质利益追求而激发出来的力量是支配人们活动的最初也是最后的原因。对管理中人的物质刺激，是开发人力资源促使其加速做功的最原始、最基本的手段。忽视物质激励，否认个体要素合理而正当的利益追求，搞绝对平均主义，这是许多管理活动失败的主要原因。

②精神动力

精神动力是在长期的管理活动中培育形成的，包括大多数人所认同和恪守的理想、奋斗目标、价值观念、道德规范、行为准则等对个体行为的推动和约束力量。精神动力不仅可以补偿物质动力的缺陷，而且在特定情况下，可以成为决定性的动力。日常思想政治工作是精神动力的一个重要内容。我国传统的思想工作在几十年的社会主义建设和管理实践中，已显示出了无穷的威力。

人的需求可以概括为物质需求和精神需求。作为管理者，要激发人们的利益动机，就必须把被管理者的工作绩效和物质奖励挂钩；要激发人们的精神动机，就必须把工作绩效和精神奖励挂钩。物质动力和精神动力是两种既相互联系、相互协同，又各有自身特点的力量。一方面，物质是基础，精神动力以物质动力为前提；另一方面，精神动力会对物质动力产生巨大的能动作用。它不仅能大大地制约物质动力的方向、速度和持续时间，而且一旦转化为个人的信念，就会对个体行为产生深远而持久的影响。

现在，精神动力作为推动管理活动取向优化的重要力量，已被越来越多的人所认识。国内外的管理学者已经形成一种共识，是否懂得精神动力的重要作用和运用方法是决定管理工作成功与否的必要条件。

③信息动力

把信息作为一种动力，是现代管理的一大特征。当今社会是信息社会，对于一个国家而言，信息的拥有量和利用程度是国家物质文明和精神文明水平高低的象征。对于一个企业来说，信息是企业活动的神经，是企业经营中的关键性资源，是推动企业发展的动力。

我们在运用信息动力时，要学会分析与综合，要正确区分有用信息、无益信息和有害信息，善于从大量信息中摄取有用的信息。

对每一个管理系统，三种动力都是同时存在的，要注意综合利用。在不同的管理系统中，三种动力所占的比重不同。即使同一系统，随着时间、地点和条件的变化，这种比重也随之变化。现代管理者要及时洞察和掌握这种差异和变化，采取“实则泻之，虚则补之”的方法，协调运用。

(3) 行为原则

行为原则是指管理者要掌握和熟悉被管理对象的行为规律，进行科学的分析和有效的管理。行为是人类在认识和改造世界的实践中发生并且通过社会关系表现出来的自觉的、能动的活动，具有目的性、方向性、连续性和创造性的特点。由于人们所处的环境、经历、职业、受教育程度以及性格、情绪等不同，人们的现实行为有很大的差异。人的行为与人的需要、动机、个性有着内在的关联，是人的心理、意识、情绪、动机、能力等因素的综合反映。

深入认识人的行为规律，加强对人的科学管理必须注意两个方面：一是激发人的合理需要和积极健康的行为动机，及时了解并满足人们的合理需要，充分调动人的积极性；二是注意不同个体的个性倾向和特征，积极创造良好的工作和生活环境，以利于人们良好个性的形成和发展，同时用人之所长，避人之所短，科学地使用人才，形成群体优化组合，从而提高管理效果。

(三) 动态原理

1. 动态原理的内容

管理者在管理活动中，要注意把握被管理对象运动、变化的情况，不断调整各个环节以实现整体目标，这就是管理的动态原理。

管理对象是个系统。任何系统的正常运转，不但受系统本身条件的限制和制约，而且受到环境的影响和制约，经常地发生变化。随着系统内外条件的变化，人们对系统的目标认识也在不断地深化，不仅会提出目标的更新与变换问题，而且对目标衡量的准则也会变动。因此，管理者必须明确管理对象、目标会发展变化，必须用变化的观点去研究它们。

2. 动态原理的原则

面对瞬息万变的管理对象，管理者要想把握动向，保证不离目标，就必须遵循与动态原理相应的反馈原则和弹性原则。

(1) 反馈原则

反馈原则是指管理者应及时了解所发生指令的反馈信息，及时做出应有的反应并提出相应的新建议，以确保管理目标的实现。

反馈是电子学名词，是控制论中一个极其重要的概念。反馈是指由控制系统把信息输送出去，又把其作用结果返送回来以便对信息的再输出产生影响，从而起到控制的作用。在人体运动中，大脑通过信息输出指挥各部门的活动，同时，大脑又接受人体各部门与外界接触发回的反馈信息，不断调节发出新的指令。如果没有反馈信息不断输入大脑，人体运动就不能协调。同样，没有反馈，管理就没有效能。

在现代管理中，无论实施哪一种控制，为使系统达到既定目标，必须贯彻反馈原则，而且，为了保持系统的有序性，必须使系统具有自我调节的能力。因为任何一种调整，开始时都并不完善，但只要有反馈结构，应可以在不断调节过程中，逐步趋于完善，直到处于优化状态。

（2）弹性原则

弹性原则是指任何管理活动都要有适应客观情况变化的能力，都必须留有余地。

①管理所碰到的问题，是涉及多因素的复杂问题。人要完全掌握所有因素是不可能的，管理者必须如实地承认自己认识上的缺陷，因此管理必须留有余地。②管理活动具有很大的不确定性。管理者与被管理者都是具有积极思维活动的生命，始终处于运动和变化之中。某种管理方法，也许非常适应一种情况，如果把这种方法僵化起来，没有一定的弹性，在另外的情况下就可能不起作用。③管理是行动的科学，它有后果问题。由于管理的因素多、变化大，一个细节的疏忽都可能产生巨大的影响，“失之毫厘，差以千里”。因此，管理从一开始就应保持可调节的弹性，即使出现差之盈尺，也可应付自如。

（四）效益原理

1. 效益原理的内容

效益原理要求每个管理者必须时刻不忘管理工作的根本目的在于创造出更多更好的经济效益和社会效益，能为社会提供有价值的贡献，充分发挥管理的生产力职能。不能创造更多更好的效益就是一种无效的管理，就是管理工作的失职。我们是动机和效果的统一论者，即使管理者一天到晚忙累不堪，但如果没有功劳只有苦劳，那么他仍然是一名失职的管理者。

作为一个现代的管理者，应该从广泛的社会联系中，从整个社会发展的高度上去进行管理活动。管理者在讲求自身经济利益和经济效益的同时，应注重其活动所引起的社会效益，并且以讲求社会效益为最高目标。管理者要强化时间观念，认识到时间也是一种极为珍贵的资源，只有节约时间，提高每单位时间的价值，才能在激烈的市场竞争中立于不败之地。

2. 效益原理的原则

与效益原理相应的原则是价值原则。价值原则是指组织在管理工作中通过不断地完善自己的结构、组织与目标，科学地、有效地使用人力、物力、财力、智力和时间资源，为创造更大的经济效益和社会效益而尽心工作。

这里所说的价值是客观效用与耗费的比值，它既不是单纯的商品价值，也不是单纯的经济价值，而是经济价值和社会价值的统一，是更高意义上的价值概念。这里所说的耗费是广义的，是物力资源、智力资源和时间资源的综合支出。现代管理工作如果不重视和不考虑智力和时间的耗费，就不可能正确地运用价值原则了。

二、管理方法

现代管理的方法包含三个层次。第一个层次是马克思主义哲学，它是科学的方法论与世界观，是现代管理的有效的、具有普遍指导意义的理论与方法。一个合格的管理者应该用马克思主义哲学作为现代管理的根本指导性科学，自觉地运用唯物主义和辩证法分析管理对象的相互关系、运动变化、发展转换，从实际出发，按管理对象的客观规律办事。系统论、控制论和信息论处于第二层次，是指导现代管理研究方法的科学，是指导自然科学、社会科学、思维科学共同方法论的横断性科学。第三层次的方法是在管理实践中，为实现管理目标，调节和控制的具体方法。

（一）行政方法

行政即行使政治权威。行政方法是指依靠行政组织的权威，运用命令、规定、指示等行政手段，以权威和服从为前提，直接指挥下属工作。

行政方法的实质是通过行政组织中的职务和职位来进行管理。它的主要特点如下：①权威性。它依靠上级组织和领导人的权力和威信以及下级的绝对服从，直接影响被管理者的意志，控制被管理者的行动。②强制性。实施行政方法要通过行政组织发出命令、指示、规定，对管理对象来说，具有强制性。③单一性。一方面，下级组织只接受一个上级的领导；另一方面，一个管理指令只适合于某一具体工作。④稳定性。行政管理系统具有严密的组织机构、统一的目标、统一的行动、强有力的控制，对于外界干扰有较强的抵抗作用。⑤无偿性。运用行政方法进行管理，一切根据需要，不考虑价值补偿问题。

行政方法是管理的基本方法之一，采取这种方法便于被管理系统集中统一，能够迅速地贯彻上级意图，对全局活动可以实施有效的控制，特别适用于处理紧急问题。同时，当管理系统存在着大量组织协调工作时，运用行政方法特别有效。

行政方法如果运用不当，违背客观规律，就会变成唯意志的产物；不适当地扩大其应用范围，甚至单纯依靠行政方法进行管理都会产生副作用。所以应注意将行政方法、法律方法、经济方法有机地结合起来，发挥每种方法各自的优势，从而提高管理效果。

（二）法律方法

法律是国家制定或认可，体现统治阶级意志，以国家强制力保证实施的行为规范的总和。法律方法是指通过法律、法令、条例和司法、仲裁工作，调整社会经济总体活动和相应的各种关系，以保证和促进社会发展的管理方法。它既包括国家正式颁布的法，也包括各级机构和各个管理系统制定的具有法律效力的规范。

法律方法的实质是实现统治阶级的意志，代表他们的利益对社会经济、政治、文化活动实行强制性的、统一的管理。法律方法的主要特点如下：①强制性。法律规范是由国家强制实施的，任何组织和个人都不允许违犯。否则，要受到国家强制力量的惩处。②规范性。法律和法规是所有组织和个人行动的统一的准则，对其有同等的约束力。法律和法规语言严谨，解释唯一。③严肃性。法律和法规都必须严格地按照规定的程序制定，一旦颁布就具有相对的稳定性。

法律方法的使用对于建立和健全科学的管理制度，具有特别重要的意义。运用法律方法进行管理，便于管理系统的每个子系统明确自己的职责、权利、义务和利益，以减少扯皮，防止内耗，从而建立一种正常的管理秩序；运用法律方法进行管理，有助于将行之有效的管理制度规范化、条文化，这就大大加强了管理系统的稳定性；运用法律方法进行管理，有助于约束每个人的行为，保证系统健康地发展。

目前，运用法律方法进行管理仍是个薄弱环节。可以说，管理者和领导者能否模范地遵纪守法，严格依法办事，是法律方法有效发挥作用的关键。另外，被管理者知法、懂法、强化法律意识也是不可缺少的重要方面。

（三）经济方法

经济方法是根据客观经济规律，运用各种经济手段，调节各种不同经济利益之间的关系，以提高整体的经济效益与社会效益的方法。根据条件和背景不同，经济方法的具体手段可以多种多样。但是，任何经济方法的实质都是贯彻物质利益原则，从物质利益上处理好国家、单位、个人三者的经济关系。

经济方法和行政方法相比，有着明显的不同特点：①利益性。这是经济方法的实质所在。经济方法是把单位及个人的物质利益与工作成果相联系，充分体现按劳分配的原则。

②平等性。经济方法认为各个经济组织和个人在获取自己的经济利益上是平等的，经济手段的运用对经济组织应起同样的效力。③关联性。各种经济手段之间的关联错综复杂，每一种手段的变化都会引起多方面经济关系的连锁反应。

在运用经济方法进行管理时，要有清醒的认识：经济方法是一种强调物质利益原则的方法，主要调节利益关系，不去直接干涉人们的行为，所以不能依靠它来解决管理中需要严格规定或立刻采取行动的问题；人们除了物质需求外，还有精神和社会方面的需求，所以不能单纯依靠经济方法来调动人们的积极性。

（四）思想教育方法

思想教育方法是通过深入细致的思想教育，帮助管理对象正确看待和处理人与人之间以及人与社会之间的关系，使之成为有理想、有道德、有文化、有纪律的新型劳动者的方法。

思想教育方法是调动人们积极性的根本方法。要保证思想教育工作行之有效，必须贯彻以下原则：①思想教育与物质鼓励相结合。②科学的原则。思想教育必须以马列主义的观点方法为指导，同时借鉴西方行为科学的研究成果，研究被管理者的需要、动机和行为，把握思想状况和变化规律，提高思想教育工作的针对性、预见性和科学性。③言教与身教相结合。欲正人，先正己。各级领导要不断提高自身的思想素质，言行一致，以身作则，刻苦自律。

思想教育的方法多种多样：①正面教育法，即向管理对象传播马列主义，用系统的科学理论和党的路线、方针、政策武装人们的头脑。②示范教育法，即以先进典型为榜样，运用典型人物的先进思想、先进事迹教育群众，从而提高人们思想认识和觉悟的一种方法。③比较鉴别法，即对不同事物的属性、特点进行对照，通过比较得出正确的判断，从而提高人们思想认识和觉悟的方法。④个别谈心的方法，即针对管理对象的不同特点采取不同的教育方法，坚持“一把钥匙开一把锁”的原则，使上下级之间在平等无心理压力的气氛中交换意见，可以及时有效地解决思想问题。⑤自我教育法，即受教育者自己教育自己，自己做思想工作的方法。它是在群众有较高自觉性、力求上进的心理基础上和较好的社会环境中进行的思想教育，能发挥受教育者自身的教育力量，融教育者与受教育者为一体，主动积极，易见成效。

第三节　测绘管理的原理与基本方法

一、测绘管理概述

（一）测绘管理的概念

从所管理的内容来讲，测绘管理是测绘行业管理和测绘生产单位管理的总称。从管理学的角度讲，测绘管理是指测绘管理者运用科学的、艺术的方法，为有效地实现测绘组织的目标而对组织的资源进行计划、组织、领导和控制的过程。

测绘管理的任务是从测绘行业和测绘单位的角度出发来研究测绘生产经营活动的原理、方法、内容、特点和规律性。即通过协调生产关系，使生产力三要素（劳动力、劳动工具、劳动对象）在一定条件下实行最佳组合；通过合理组织测绘生产和改善经营管理，使测绘单位的人、财、物和信息得到有效而充分的利用，即以最少的投入，取得尽可能多的社会需要的测绘成果和测绘产品，获取最大的经济效益。

（二）测绘工作的历史

测绘是各国在现代军事、国民经济等社会各领域生产和发展所必备的技术。测绘事业直接关系着经济建设和规划的科学性、工程质量和预期效益的实现。测绘工作是国民经济建设和国防建设的重要基础工作。

测绘是源于大禹治水“左准绳，右规矩”的具有悠久历史的科学技术，人们根据社会生活、生产发展和军事的需要，创造各种测量工具，从事测量活动，绘制地图。20 世纪 40 年代末期，我国的测绘事业进入了一个崭新的发展阶段。20 世纪 50 年代中期建立了国家测绘总局，加强了对全国测绘工作的管理。尤其是 70 年代末期以后，测绘事业获得了历史性的新发展。

（三）卫星定位测量

1. 现代测绘基准建设

现代测绘基准，是确定地理空间信息的几何形态和时空分布的基础，是反映真实世界空间位置的参考基准，它由大地测量坐标系统、高程系统/深度基准、重力系统和时间系统及其相应的参考框架组成。近年来我国现代测绘基准的建设取得了重要进展。基于现代理念和高新技术的新一代大地坐标系已进入实用阶段。2008 年 4 月经国务院批准，我国自行启用“2000国家大地坐标系”（简称CGCS2000），并规定CGCS2000与现行国家大地坐标系的转换、衔接过渡期为8~10年。关于我国的高程基准，除了建立新的一等精密水准网作为高程参考框架外，还可借助厘米级精度（似）大地水准面形成全国统一的高程基准。因此，我国信息化测绘体系所要建立的现代测绘基准是在多种现代大地测量技术支撑下的全国统一的、高精度的、地心的、动态的几何-物理一体化的测绘基准。

2. GPS/重力相结合的高程测量方法

GPS可测出地面一点的大地高，如果能在同一点上获得高程异常（或大地水准面差距），那么就可容易地将大地高通过高程异常（或大地水准面差距）转换成正常高（或正高）。这里的关键技术就是高精度、高分辨（似）大地水准面数值模型的确定方法。由于这种方法可以替代繁重的几何水准测量，因此要求（似）大地水准面数值模型达到同几何水准测量相当的厘米级精度水平。

（四）航空航天测绘

1. 高分辨率卫星遥感影像测图

随着高分辨率立体测绘卫星数据处理技术突破，如今卫星影像测图正在逐步走向实用化。高分辨率遥感卫星成像方式在向多样化方向发展，由单线阵推扫式逐渐发展到多线阵推扫成像；更加合理的基高比和多像交会方式进一步提高了立体测图精度。通过获取大范围同轨或异轨立体影像，正引起地形测绘技术的变革。高分辨率遥感卫星数据处理技术的进展，主要包括高精度的有理函数模型求解技术、稀少地面控制点的大范围区域网平差技术、基于多基线和多重匹配特征的自动匹配技术等。

2. 轻小型低空摄影测量平台的实用化作业

轻小型低空摄影测量平台分为无人驾驶固定翼型飞机、有人驾驶小型飞机、直升机和无人飞艇等几种。其由于具有机动灵活、经济便捷等优势得到了迅速发展，并逐步进入实用阶段。低空摄影测量平台能够实现低空数码影像获取，可以满足大比例尺测图、高精度城市三维建模以及各种工程应用的需要。特别是无人机可在超低空进行飞行作业，对天气条件的要求较宽松，且无须专用机场。

3. 机载激光雷达技术的广泛应用

机载激光雷达技术通过主动发射激光，接收目标对激光光束的反射及散射回波来测量目标的方位、距离及目标表面特性，能够直接得到高精度的三维坐标信息。与传统航空摄影测量方法相比，机载激光雷达技术可部分地穿透树林遮挡，直接获取地面点的高精度三维坐标数据，且具有外业成本低、内业处理简单等优点。目前，机载激光雷达系统的硬件技术已经比较成熟，激光测距精度可达到厘米级。而其数据处理软件的发展则相对滞后，数据处理过程中的诸多算法和模型还不够完善，同时由于获取的点云数据为离散点，缺乏纹理信息，不易进行同名地物匹配和地面控制。现在一般在系统中集成了中小型幅面的数码相机或数码摄像机，将点云数据与影像数据进行融合，能够有效地提高测量精度和可靠性。

二、测绘行业管理

随着社会主义市场经济体制在我国的确立以及测绘企事业单位改革的深化，迫切要求各级政府测绘管理部门增强宏观调控能力，实现由部门管理向行业管理的转变。

（一）测绘行业管理的概念

测绘行业是指从事测绘管理工作和生产技术的单位、企业及人员的总称。我国测绘行业有自己的特点。这就是行业管理统一而人员比较分散，基本分布在三大系统：国家测绘局系统（这是主体）、解放军总参谋部测绘局系统、国家各经济建设的专业测绘系统。20世纪50年代以来，在党和政府的关怀和领导下，测绘事业由小到大，由弱到强，获得了迅速发展，现在已建立起包括大地测量学与测量工程、摄影测量与遥感、地图制图学与地理信息工程、工程测绘、海洋测绘、地籍测绘在内的门类比较齐全的现代测绘行业，设有专门的测绘科学研究机构和大中专测绘院校。

测绘行业管理是指在社会主义市场经济条件下，管理者按照经济的同一性原则，对测绘经济活动进行的一种专业化分类管理。

（二）测绘行业管理的特征

测绘行业管理的定义中强调了测绘行业管理的以下6个特征。

1. 测绘行业管理是以行业利益的客观存在为前提

维护和发展测绘行业利益是同行业生产者自发要求进行行业管理的直接而基本的原因。在市场经济条件下，各行业利益相对独立存在。所以，协调行业利益和国民经济整体利益才会有必要。测绘行业利益的客观存在是由于测绘企事业单位存在着自己相对独立的经济利益，企事业单位与企事业单位之间存在着利益差别。

2. 测绘行业管理是以测绘行业的客观存在为基础

测绘行业自身并不是一级组织，而是由多个组织组成的集合体。任何独立的生产经营单位不论它是企业单位还是事业单位，不论其经济类型如何，不论其行政隶属关系怎样，只要是从事同类的测绘经济活动，都属于测绘行业管理的对象。

3. 测绘行业管理是一种专业化性质的经济管理

它的任务主要是对同一劳动领域内不同经济实体之间相互协作关系的统一计划、组织、指导、监督、协调；解决同类独立生产经营单位所面临的共同问题；通过为测绘企事业单位提供各种服务等方式来促进行业经济的发展。

4. 测绘行业管理的基本性质属于国家宏观经济管理的范畴

它是介于国民经济管理与企事业单位管理之间的一个中间管理层次。其具体管理方式应以行政性行业管理方式和中介性行业管理方式相结合。因此，测绘行业管理主要运用宏观调控进行间接管理，即主要运用经济、法律和必要的行政手段进行管理。

5. 测绘行业管理是市场经济的产物

测绘行业管理是社会分工与商品竞争的必然结果，又是由科学技术进步和生产力高度发展所决定的。随着科学技术的迅猛发展，当前人类正处于一个以微电子技术应用为中心的新技术革命时代，测绘行业也随着“3S”技术及高速数据通信技术的快速发展，由传统的测绘产业向现代地理信息产业过渡和发展。科学技术的进步使通用型技术逐步减少，技术开发应用的专业化程度越来越高，并由此产生了一批新兴行业。同时，科学技术的高速发展也必将带来专业化社会分工的快速进行，以使企事业单位生产管理社会化程度日益提高，这样就使得每个行业的技术经济特点更为突出，在技术、生产、管理等方面的专业性越来越强，专业化协作对于社会再生产就显得更为重要，因此，行业管理不仅是行业内部的需要，而且也成为整个社会的需要。

6. 测绘行业管理不仅具有集中性，而且还具有分散性

测绘行业管理的分散性是由测绘生产力和生产关系两方面因素决定的。具体表现为：①专业化协作的不可分割性决定了测绘行业层次结构的分散性。这是因为形成测绘行业的途径具有多样性，纵向上可分为航空、航天、摄影、测绘、印刷、出版等行业，横向上又可拓展为电子计算机、光学精密机械、地理信息等行业。行业划分标准的多元性、专业化与联合化两种组织形式的交错发展，使测绘单位实行“一业为主，多种经营”的经营战略，导致一个测绘单位按其经营项目的不同可同属几个行业。这种各行业间的相互渗透和交叉形成了同一专业分散于不同行业或不同企事业单位的层次结构。②多种经济类型和多种经营方式的长期存在决定了同行业测绘企事业单位隶属关系的分散性。就测绘行业来说，在近万个测绘单位中，只有 300 多个单位归口测绘部门管理，占总数的 3.5%，其他

96.5%的测绘单位分别属于水、电、地矿、建设、煤炭、交通、冶金、有色金属、铁道、石油等29个部门。它们在经济、行政和技术上受着各部门、各地方的直接控制，行政隶属关系上的分散性，又导致行业管理对象的分散性。因此，这种隶属关系上的分散性，实际上反映了在企事业单位属于不同类型所有者的条件下，行业主管部门就不具备部门管理体制那样的直接统管全行业企事业单位的基础，而必须从我国多层次的技术结构和“大而全”“小而全”的单位组织结构的实际出发，走具有中国特色的行业管理道路。

（三）测绘行业管理的实施

1. 各级人民政府测绘行政管理部门

《中华人民共和国测绘法》规定，国务院测绘行政主管部门负责全国测绘工作的统一监督管理。国务院其他有关部门按照国务院规定的职责分工，负责本部门有关的测绘工作。

县级以上地方人民政府负责管理测绘工作的行政部门（以下简称测绘行政主管部门）负责本行政区域测绘工作的统一监督管理。县级以上地方人民政府其他有关部门按照本级人民政府规定的职责分工，负责本部门有关的测绘工作。

军队测绘主管部门负责管理军事部门的测绘工作，并按照国务院、中央军事委员会规定的职责分工负责管理海洋基础测绘工作。

2. 各级测绘行政管理部门的职责

（1）国务院测绘行政主管部门主要工作职责

其主要职责如下：①起草测绘法律法规和部门规章草案，拟订测绘事业发展规划，会同有关部门拟订全国基础测绘规划，拟定测绘行业管理政策、技术标准并监督实施。②负责基础测绘、国界线测绘、行政区域界线测绘、地籍测绘和其他全国性或重大测绘项目的组织和管理工作，建立健全和管理国家测绘基准和测量控制系统。③拟订地籍测绘规划、技术标准和规范，确认地籍测绘成果。④承担规范测绘市场秩序的责任。负责测绘资质资格管理工作，监督管理测绘成果质量和地理信息获取与应用等测绘活动，组织协调地理信息安全监管工作，审批对外提供测绘成果和外国组织、个人来华测绘。组织查处全国性或重大测绘违法案件。⑤承担组织提供测绘公共服务和应急保障的责任。组织、指导基础地理信息社会化服务，审核并根据授权公布重要地理信息数据。⑥负责管理国家基础测绘成果，指导、监督各类测绘成果的管理和全国测量标志的保护，拟定测绘成果汇交制度并监督实施。⑦承担地图管理的责任。监督管理地图市场，管理地图编制工作，审查向社会公开的地图，管理并核准地名在地图上的表示，与有关部门共同拟定中华人民共和国地图的国界线标准样图。⑧负责测绘科技创新相关工作，指导测绘基础研究、重大测绘科技攻关以及科技推广和成果转化，开展测绘对外合作与交流。⑨承办国务院及国土资源部交办的其他事项。

（2）省（自治区、直辖市）人民政府测绘行政主管部门主要工作职责

陕西测绘局、黑龙江测绘局、四川测绘局、海南测绘局实行由国家测绘局与所在地省人民政府双重领导（以国家测绘局为主）的管理体制，其他各省级测绘（与地理信息）局是各省国土资源厅管理的主管全省测绘与地理信息工作的正（或副）厅级事业单位。

①起草测绘与地理信息地方性法规、规章草案；拟订全省测绘与地理信息事业发展规划；拟定测绘与地理信息行业管理政策、技术标准并监督实施；会同省财政部门监督管理省级测绘与地理信息事业经费、专项资金。②负责组织和管理全省基础测绘、海洋测绘、地籍测绘、行政区域界线测绘、城市测绘和其他重大测绘项目。会同有关部门编制相关的项目规划和年度计划，并组织实施；负责全省以开展测绘与地理信息活动为目的的航空摄影与遥感、卫星影像采购计划的审核工作，编制和实施省级基础航空摄影与遥感、卫星影像采购计划。③承担规范测绘市场秩序的责任。按规定权限负责全省测绘与地理信息资质资格管理工作，监督管理地理信息获取与应用等测绘活动；负责测绘项目和外国组织、个人来本省从事测绘与地理信息活动的备案，监督管理全省测绘与地理信息项目招投标工作；组织查处全省性或重大的测绘与地理信息违法案件。④承担组织提供测绘与地理信息公共服务和应急保障的责任。组织、指导测绘与地理信息公共服务，编制突发公共事件处置应急测绘保障预案，并提供应急测绘保障；审核并根据授权公布重要地理信息数据；负责全省地理信息数据变化监测和综合统计分析工作。⑤负责管理全省测绘成果与地理信息。指导、监督管理全省各类测绘成果与地理信息和全省测量标志的保护；管理测绘成果与地理信息目录和副本汇交工作；组织测绘与地理信息安全监管工作；负责省级基础测绘成果、基础地理信息数据提供和本省向境外组织、个人提供未公开的测绘成果与地理信息的审批。⑥承担地图管理的责任。监督管理地图编制、地图产品制作、地图展示登载、境外地图引进和地图市场，按规定权限审批向社会公开的地图和地图产品；管理并核准地名在地图上的表示；会同省民政厅共同拟定省地图的行政区域界线标准样图。⑦负责全省地理空间数据交换和共享工作。会同有关部门制定全省地理空间数据交换和共享规划，建设、管理省地理空间数据交换和共享平台，审核有关部门报送的测绘与地理信息项目计划，指导市、县地理空间数据交换和共享平台建设。⑧指导全省地理信息产业发展。拟定全省地理信息产业发展规划和产业发展政策，指导和组织协调地理信息资源开发利用和地理信息产业发展工作。⑨负责全省测绘基准，测绘与地理信息标准、质量、计量和技术的

监督管理工作。按规定权限审核、审批本省行政区域内建立相对独立的平面坐标系统；负责建立、完善和管理“数字省份”地理空间框架，指导市、县（市）开展“数字城市”地理空间框架建设，并做好推广应用工作。⑩负责全省测绘与地理信息科技创新和外事管理等相关工作。组织实施测绘与地理信息基础研究、重大测绘与地理信息科技攻关、科技成果鉴定以及科技推广和成果转化，组织测绘与地理信息对外合作与交流；组织制定并实施全省测绘与地理信息科技发展和人才规划。⑪承办省政府及省国土资源厅交办的其他事项。

（3）县（市）人民政府测绘行政主管部门主要工作职责

依据《中华人民共和国测绘法》等有关法律法规及规章的规定，县（市）人民政府测绘行政主管部门负责本行政区域测绘工作的统一监督管理，其主要职责如下：①贯彻执行国家、省测绘工作方针、政策和法律法规；制订县（市）测绘事业发展规划和测绘管理政策措施，并依法监督实施；指导乡级人民政府做好测量标志的保护工作。②负责组织县（市）测绘科技项目的攻关、测绘新技术的普及推广和应用及科技成果的转化工作；负责组织县（市）测绘科技成果的评审鉴定及测绘科技奖励管理工作。③组织编制县（市）基础测绘规划和地籍测绘规划；配合本级政府发展改革部门编制县（市）基础测绘年度计划，并负责组织实施；负责复测与加密县（市）城镇首级平面和高程控制网，测制与更新县（市）1∶500、1∶1 000、1∶2 000 国家基本比例尺地图，编制与更新县（市）综合地图集和普通地图集，建立、维护与更新县（市）基础地理信息系统。④负责对财政核拨的基础测绘经费使用情况进行监督与检查。⑤负责国家和省规定的测绘基准和测绘系统、测绘技术规范及标准贯彻执行。⑥负责县（市）测绘航空摄影项目申请材料的核实及转报工作；负责县（市）建立相对独立的平面坐标系统申请材料的核实及转报工作。⑦负责县（市）测绘市场监管。开展测绘资质单位日常监管等有关工作；负责对使用财政性资金的测绘项目和使用财政性资金的建设工程测绘项目批准立项和核定财政补助金之前的审核，提出立项意见；会同有关部门依法监督管理测绘项目的招投标活动，负责测绘合同款项及合同履约行为的监管；负责县（市）测绘成果质量的监督管理，督促测绘单位建立健全测绘成果质量保证体系；负责测绘市场信用体系建设。⑧负责县（市）测绘成果的监管工作。协助省人民政府测绘主管部门执行测绘成果汇交制度，依法确定测绘成果保管单位，确保测绘成果资料的完整和安全，及时汇编测绘成果目录，报送省人民政府测绘主管部门；按照有关规定向社会提供测绘成果资料。负责本级国家秘密基础测绘成果提供的审批工作，核实县（市）有关单位使用所需省级以上国家秘密基础测绘成果的申请；会同本级保密工作部门对使用国家秘密测绘成果的单位定期进行保密检查。⑨负责监督县（市）建立地理信息系统的单位采用县级以上人民政府测绘主管部门提供的基础地理信息数据，鼓励对基础地理信息数据的增值开发和应用服务工作，促进地理信息产业发展。⑩负责县（市）地图编制、印刷、展示、登载和地图产品生产销售的监管工作；开展国家版图意识宣传教育工作。⑪负责县（市）测量标志的管理与维护工作。定期检查、维护永久性测量标志；负责县（市）内永久性测量标志迁建申请材料的核实及转报工作。⑫负责县（市）测绘行政执法工作，查处测绘违法案件。⑬负责县（市）测绘法制宣传计划制订和实施工作。协助做好测绘行业职工岗位培训和继续教育工作。⑭负责县（市）测绘综合统计，并按年度汇总后上报省、设区市人民政府测绘主管部门。⑮承办省、设区市人民政府测绘主管部门及县（市）人民政府交办的其他工作。

三、测绘生产单位管理

测绘生产单位管理是指在测绘生产单位内，科学正确应用测绘管理的原理和原则，充分发挥测绘管理的职能，使测绘生产经营活动处于最佳水平，创造出最好的经济效益的一系列活动的总称。

（一）测绘生产单位管理的主要内容

测绘生产单位管理的主要内容如下：①确定单位测绘管理机构和建立管理的规章制度。主要包括设置管理机构的组织原理，确定组织形式，决定管理层次，设置职能部门，划分各机构的岗位及相应的职责、权限，配备管理人员，建立测绘单位的基本制度等。②测绘市场预测与经营决策。主要包括测绘市场分类、市场调查与市场预测；经营思想、经营目标、经营方针、经营策略以及经营决策技术等。③全面计划管理。主要包括招投标策略的制定，测绘长期计划的确定，年度生产经营计划的编制，原始记录、统计工作等基础工作的建立，以及滚动计划、目标管理和网格计划技术等现代管理方法的应用。④生产管理。主要包括测绘生产过程的组织，生产类型和生产结构的确定，物流方式的选择，生产能力的核定，质量标准的制定，生产任务的优化分配以及线性规划等。⑤技术管理。主要包括测绘工程，测绘产品的技术设计，工艺流程，新技术的开发和新产品开发，科学研究，技术革新，技术信息与技术档案工作以及生产技术（设计）等。⑥全面质量管理。主要包括全面质量管理意识的树立，PDCA 循环，质量保证体系，产品质量计划，质量诊断、抽样检验以及全面质量管理的常用方法等。⑦仪器设备管理。主要包括仪器设备的日常管理，维修保养，仪器设备的利用、改造和更新，仪器设备的检验、维修计划的制订和执行等。⑧物资供应及产品销售管理。主要包括原材料、燃料、动力等消耗定额和储备定额的制定，物资供应计划的编制、执行和检查分析，物资的采购、运输、保管和发放，物资的合理使用、回收和综合利用，产品的销售工作等。⑨劳动人事与工资管理。主要包括劳动定额，人员编制，劳动组织，职工的招聘、调配、培训和考核，劳动保护，劳动竞赛，劳动计划的编制、执行和检查分析以及工资制度、工资形式、工资计划、奖励和津贴、职工生活福利工作等。⑩成本与财务管理。主要包括成本计划和财务计划的编制与执行，成本核算、控制与分析，固定资金、流动资金和专用基金的管理以及经济核算等。⑪技术经济分析。主要包括静态分析、动态分析和量本利分析方法，价值工程，工程项目的可行性研究等。⑫测绘新技术在测绘企业管理中的应用。主要包括应用条件、范围和效果，有关管理信息系统、数据处理系统、数据库、应用软件的收集、建立和制作等。

上述管理内容，不仅适合于测绘企业单位，也适合于测绘事业单位。不过测绘企业单位更加重视市场研究和预测、经营活动和技术经济分析，同时也侧重于机构设置、指标考核、资金运用和现代管理方法的推广应用等。测绘企业单位同测绘事业单位相比较，测绘企业单位按照现代企业制度，其经营自主权将进一步扩大，主要体现在下列方面：①扩大经营管理的自主权，即测绘企业单位在产、供、销计划管理上的权限。测绘企业由现在执行的指令性计划、指导性计划和市场调节计划，逐渐过渡到靠投招标的方法，到测绘市场上去招揽工程（测绘任务）和推销测绘产品。②扩大财务管理自主权，即测绘企业拥有资金独立使用权。在资金实行有偿占用的情况下，测绘企业所需要的生产建设资金，可以向银行贷款；有权使用折旧资金和大修理资金，支配利润留成资金；有权自筹资金扩大再生产，并从利润流程中建立生产发展基金、职工福利基金和奖励基金；多余固定资产可以出租、转让。③扩大劳动人事管理自主权。测绘企业按照国家规定招收新工人，有权根据考试成绩和生产技术专长择优录用；有权对原有职工根据考核成绩晋级提升，对严重违纪并屡教不改者给予处分，直至辞退、开除；有权根据需要实行不同的工资形式和奖励制度；有权决定组织机构设置及其人员编制。

凡是测绘企业单位，对国家授予其经营管理的财产享有占有、使用和依法处置的权力。根据其主管部门的决定，可采用承包、租赁等多种经营责任制形式。

（二）测绘生产单位组织设计原则

现代测绘企事业单位是一个有机的整体，它集中成百近千的职工，分工从事各类测绘生产和经营管理活动。为了使整个测绘生产经营活动能够协调有效地进行，就必须设置管理机构，明确职责分工，配备适当人员，制定规章制度，使组织中每一个成员都明确自己的工作任务和职责，明确应向谁请示汇报，具有哪些处理问题的权力，等等。这些都属于测绘管理的组织职能。

组织设计是实施组织职能的主要环节，是测绘行业和测绘单位组织的建立过程和改善过程。组织设计包括高层决策组织系统、生产经营组织指挥系统、专业职能管理组织系统的设计。

组织设计，就是把测绘管理系统的五个组织要素（人员、职位、职责、关系和信息）从单位的整体上加以综合考虑，达到生产经营组织的合理化，并使该组织在实施既定目标中获得最大的效率。根据管理学者提出的各种组织设计原理，测绘生产单位的组织设计应广泛运用以下基本原则。

1. 统一领导、分级管理原则

统一领导、分级管理，它体现了集权与分权结合的组织形式。就测绘单位来说，其实只是建立经营管理组织的纵向分工，设计合理的垂直领导机构。所谓统一领导，就是测绘单位的生产行政管理的主要权利，要集中在最高管理层，下级服从上级的统一指挥，实行一个领导分工负责。所谓分级管理，就是在统一领导的前提下，根据单位的具体情况把管理机构合理地划分为若干级，并相应地赋予一定的职责和权利，对本职范围内的工作进行管理。要使测绘单位管理机构实行有效的管理，必须有统一的领导和指挥；同时，由于现代测绘单位都具有一定的生产规模，管理和技术业务比较复杂，又必须实行分级管理。

测绘单位实行高度集中统一的领导和指挥是由现代化大生产的特点决定的，它协调着整个测绘生产经营活动，保证千百人的统一意志和行动，使各工种、各工序按照统一的技术要求进行生产作业。作为生产单位，不仅要贯彻执行党和国家的路线、方针、政策以及上级主管机关的规定和指示，遵守法律和法规，坚持社会主义方向，按照国家指令性计划和市场需要组织生产；而且要合理地利用单位内部的人力、物力、财力，多快好省地发展生产，力争全面完成和超额完成计划。要做到这一点，就必须把主要的管理权力集中起来，对整个测绘生产、经营活动进行统一的组织和管理，使单位各部门都服从统一的意志，使全体职工的积极性和创造性统一到一个共同的目标上来。

测绘单位实行高度集中统一的领导和指挥，必须建立一个精干的、有权威的、强有力的生产经营指挥系统，即由院（队）长为首的生产行政组织，统一指挥日常的生产经营活动，统一部署各个时期的工作任务，统一调配单位内部的人力、物力和财力。

测绘单位的分级管理层次一般分为三级，即大队、中队、班组。按其层次执行的任务来分，也可分为高层管理、中层管理和基层管理。

高层管理是单位的最高经营决策层次。它的任务是战略决策、制定控制标准和方法，进行财务监督，决定干部的选用及调动等。中层管理是执行和监督层次，它的任务是把高层领导决定的目标和决策具体化，对下面执行层颁发指令并进行协调，包括制订业务计划、组织产品的生产和销售、组织科研项目及产品开发、实施内部经济核算等。基层管理是生产作业层次，它的主要任务是合理地组织生产，对生产人员进行鼓励，组织劳动竞赛，协调人的矛盾和生产联系中的矛盾，进行思想政治工作。现代测绘生产如同一台机器，是一个有机的整体，上下层之间的连接组成一个等级链（即层次），各层次的指挥体现了单位的纵向分工，为保证各层次的信息畅通和管理效率，应尽量减少管理层次。

在分级管理中，下级必须服从上级的命令和指挥，但下级只接受一个上级机构的命令和指挥，不能有多头指挥；各级管理层次实行逐级指挥和逐级负责，一般情况下不允许越级指挥，只有遇到特殊的情况，才由上一级亲自处理；要赋予各级行政组织及其相应的职能机构以必要的职责和权限，使它们能够根据各自的具体情况，灵活地处理各种具体问题。

实行统一领导、分级管理的原则，既有利于上级管理人员摆脱日常事务，集中精力研究和解决更重要的管理业务；又有利于调动下级管理人员的积极性和主动性，及时处理常规业务。

2. 有效管理幅度原则

有效管理幅度是指一个行政主管人员所能直接而有效地领导下级的人数。如一个测绘院的领导能直接领导多少名队长、处长或科长；一个队长领导多少名科长、中队长或小队长；一个组长领导多少名作业人员等。所能直接领导的人越多，管理幅度就越大；反之管理幅度就越小。一般情况下，有效管理幅度取决于下列因素。

（1）管理层次的高低

高层管理人员以调研、决策、制订方案为主，基层管理人员以执行为主，所以，高层管理人员所能直接领导的人数一般应少于基层管理人员直接领导的人数，例如，院长直接领导的人数应少于班组长直接领导的人数。

（2）处理业务的性质

处理业务复杂，管理幅度就小一些。例如，技术部门与总务部门虽在同一个层次，但总务部门处理的大都是日常事务，其管理幅度相对技术部门就可以宽一些；同样，仪器维修工作的班组长其管理幅度应比一般作业组长的管理幅度窄一些。

（3）领导人员的工作能力

一个工作能力强的领导人员，往往能领导较多的下级人员而不感到负担过重，其管理幅度可以适当放宽。

（4）领导作风

一个善于走群众路线，注重民主政策，大胆授权给下属的领导者，比一个细致而又事必躬亲的领导人员管理幅度就大。

(5) 职工成熟程度

职工素质好，成熟度高，领导者的管理幅度就大；反之就小。

此外，有效管理幅度还与管理活动中新问题的发生率、管理业务的标准化和自动化程度、管理机构中各部门在空间上的分散程度等因素有关。

在组织设计原则中，管理幅度与管理层次是直接相关的两个基本参数。在一个单位的人员、规模既定的条件下，管理幅度与管理层次成反比。管理幅度越小，管理层次就要越多；反之，管理幅度加大，管理层次就可以减少。管理层次过多，就会影响管理的效率，造成上下信息渠道不畅，甚至传递失真，贻误工作。管理幅度过大，就会影响管理的效能。这里就有一个效能和效率的平衡问题。所谓管理效能，是指实现测绘单位生产经营目标的能力，也是指为实现生产经营目标而进行有效工作的程度；所谓管理效率，是指机构精练、办事迅速、信息畅通的程度。要提高管理的效能和效率，必须有计划地培训各级管理人员，提高他们的业务技术能力和管理能力。

3. 按专业化设置机构原则

随着生产技术的发展，按照专业化原则来组织社会生产的要求愈发强烈，正如列宁所说："技术进步必然引起生产的各部分专业化、社会化。"专业化生产是现代测绘生产的必然趋势。一个有效的组织，就是要把生产经营活动中那些性质相同或相类似的工作、活动、职能归并在一起，实现部门、单位、班组专业化，使整个测绘生产经营活动能有组织地、协调地、高效率地进行。

测绘生产单位的专业化划分标准，可以按工艺过程、生产设备、产品进行划分。职能机构的专业化划分，要从各种管理业务的性质出发。管理职能的分化，是测绘生产技术发展的必然结果。测绘单位在按照业务性质设置专业职能机构时，必须仔细分析各种职能间的分工协作关系。一般来说，对于业务性质不同的管理职能，应单独设立机构。对于那些业务性质相同或相近的专业职能机构应加以合并。对某些涉及面广、与多方面管理职能有制约关系的职能机构，如质量管理、财务管理等应单独设立机构，防止削弱它的制约作用。

4. 责权对等原则

职责与职权是管理组织理论中的两个基本概念。在管理组织的等级链上其每一环节都应该无一例外实行责权对等。

职责是指在职位（岗位）上必须履行的责任。职位是指组织机构中的位置，也就是组织体内纵向分工与横向分工的结合点。职位的工作内容就是职务。在组织体中职责是单位之间连接的环，有了这个环，组织的上下左右才能协调动作，完成总任务。把组织机构的全部职责连接起来，就构成组织体的责任体系。职责在纵向与工作程序结合，在横向要顾及人、事、物三者的关系。职责不明，组织体的结合就不牢固，甚至松垮、瘫痪。

职权是指在一定职位上，为完成其职务范围内的责任所赋予的指挥权和决策权。

职责和职权虽然不能精确地定量，但在任何职位上必须协调它们，使之大体对等。职责与职权的适应叫权限，即权力限制在责任的范围内。权力的授予是受职务和职责的限制，这就是说，如果要求一个任职者履行其责任，就必须赋予他充分而必要的权力，使他能在本职工作的权力范围内履行其责任。同样，如果赋予一个任职者一定的权力，那就要求他对行使这个权力后所产生的结果承担责任。有权无责或权大责小，就会助长瞎指挥，以至滥用权力等官僚主义作风；反之，如果有责无权或责重权小，也就难以执行其职责，同时也会挫伤工作人员的积极性，而且，这种责任只不过是形式上的规定，而不是实际上的真正责任。

权力是由上级授予的。这就产生了受权者和授权者相互间的责任关系问题。责任与权力不同，它既来自上级对这个岗位所规定的职责要求，同时，它又来自工作人员本身对自己岗位提出的应履行的责任要求，而这种工作人员本身的责任感，往往是更重要的因素。一个领导人可以授权给下级，但不能把责任转嫁给下级。例如，一个测绘队长可以将安全工作授权给安全主管人员，但如果在外业工地发生了重大伤亡事故，安全主管人员固然要承担相应的工作责任，但队长不能因此而推卸其对国家、对社会应负的行政甚至法律责任。把责、权、利联系起来，就能更妥善地处理好这方面的关系。

5. 才职相称原则

明确了岗位的职权和职责，也就提出了担负这个岗位的人员相应必须具备的才能和素养。所谓管理者的素养，是指管理者必须具有的素质和修养。它包括政治思想素养、文化专业素养、道德品质素养等。所谓才能，是指管理者必须具有的经营决策能力，不断探索和勇于创新的能力，知人善任的能力和良好的管理作风。概括起来说，就是德和才（包括智和能）两个方面。管理者的素养是管理作风的内涵，管理者的作风（包括思想作风、工作作风、生活作风）则是管理者素养的外在表现。每一个测绘单位都必须为各岗位配备或培训适当的人员，使他们的才能、素养与岗位要求相适应。

才职相称是保证管理效能的必要条件。每一个岗位都要确保“因事设人”，即根据单位的生产经营目标和需要来确定管理机构和工作岗位，相应配备适当人员，而不应当“因人设事”。由于受现有人员条件的局限，要求完美无缺地做到才职相称是很不容易的，但应力求做到基本相称。

第六章 测绘工程项目管理的实施

第一节 测绘工程的目标管理

一、测绘工程目标系统

任何工程项目都有投资、进度、质量三大目标，这三大目标构成了工程项目的目标系统。为了有效地进行目标控制，必须正确认识和处理投资、进度、质量三大目标之间的关系，并且合理确定和分解这三大目标。

工程项目投资、进度（或工期）、质量三大目标两两之间存在既对立又统一的关系。对此，首先要弄清在什么情况下表现为对立的关系，在什么情况下表现为统一的关系。从工程项目业主的角度出发，往往希望该工程的投资少、工期短（或进度快）、质量好。如果采取某种措施可以同时实现其中两个要求（如既投资少又工期短），则该两个目标之间就是统一的关系；反之，如果只能实现其中一个要求（如工期短），而另一个要求不能实现（如质量差），则该两个目标（即工期和质量）之间就是对立的关系。以下就具体分析工程项目三大目标之间的关系。

（一）工程项目三大目标之间的对立关系

工程项目三大目标之间的对立关系比较直观，易于理解。一般来说，如果对工程项目的功能和质量要求较高，就需要采用较好的设备、投入较多的资金。同时，还需要精工细作，严格管理，不仅增加人力的投入（人工费相应增加），而且需要较长的作业时间。如果要加快进度、缩短工期，则需要加班加点或适当增加设备和人力，这将直接导致作业效率下降，单位产品的费用上升，从而使整个工程的总投资增加。另外，加快进度往往会打乱原有的计划，使工程项目实施的各个环节之间产生脱节现象，增加控制和协调的难度。不仅有时可能“欲速不达”，而且会对工程质量带来不利影响或留下工程质量隐患。如果要降低投资，就需要考虑有可能降低质量要求。同时，只能按费用最低的原则安排进度计划，整个工程需要的作业时间就较长。

以上分析表明，工程项目三大目标之间存在对立的关系。因此，不能奢望投资、进度、质量三大目标同时达到“最优”，即既要投资少，又要工期短，还要质量好。在确定工程项目目标时，不能将投资、进度、质量三大目标割裂开来，分别孤立地分析和论证，更不能片面强调某一目标而忽略其对其他两个目标的不利影响，而必须将投资、进度、质量三大目标作为一个系统统筹考虑，反复协调和平衡，力求实现整个目标系统最优。

（二）工程项目三大目标之间的统一关系

对于工程项目三大目标之间的统一关系，需要从不同的角度分析和理解。例如，加快进度、缩短工期虽然需要增加一定的投资，但是可以使整个工程项目提前完成，从而提早发挥投资效益，还能在一定程度上减少利息支出，如果提早发挥的投资效益超过因加快进度所增加的投资额度，则加快进度从经济角度来说就是可行的。如果提高功能和质量要求，虽然需要增加一次性投资，但是可能降低工程投入使用后的运行费用和维修费用，从全寿命费用分析的角度则是节约投资的；另外，在不少情况下，功能好、质量优的工程（如宾馆、商用办公楼）投入使用后的收益往往较高；此外，从质量控制的角度，如果在实施过程中进行严格的质量控制，保证实现工程预定的功能和质量要求（相对于由于质量控制不严而出现质量问题可认为是“质量好”），则不仅可减少实施过程中的返工费用，而且可以大大减少投入使用后的维修费用。另外，严格控制质量还能起到保证进度的作用。如果在工程实施过程中发现质量问题及时进行返工处理，虽然需要耗费时间，但可能只影响局部工作的进度，不影响整个工程的进度；或虽然影响整个工程的进度，但是比不及时返工而酿成重大工程质量事故对整个工程进度的影响要小，也比留下工程质量隐患到使用阶段才发现而不得不停止使用进行修理所造成的时间损失要小。

在确定工程项目目标时，应当对投资、进度、质量三大目标之间的统一关系进行客观的且尽可能定量的分析。在分析时要注意以下几方面问题：①掌握客观规律，充分考虑制约因素。例如，一般来说，加快进度、缩短工期所提前发挥的投资效益都超过加快进度所需要增加的投资，但不能由此而导出工期越短越好的错误结论，因为加快进度、缩短工期会受到技术、环境、场地等因素的制约（当然还要考虑对投资和质量的影响），不可能无限制地缩短工期。②对未来的、可能的收益不宜过于乐观。通常，当前的投入是现实的，其数额也是较为确定的，而未来的收益却是预期的、不很确定的。例如，提高功能和质量要求所需要增加的投资可以很准确地计算出来，但今后的收益却受到市场供求关系的影响，如果届时同类工程（如五星级宾馆、智能化办公楼）供大于求，则预期收益就难以实现。③将目标规划和计划结合起来。如前所述，工程项目所确定的目标要通过计划的实施才能实现。如果工程项目进度计划制订得既可行又优化，使工程进度具有连续性、均衡性，则不但可以缩短工期，而且有可能获得较好的质量且耗费较低的投资。从这个意义上讲，优化的计划是投资、进度、质量三大目标统一的计划。

在对测绘工程项目三大目标对立统一关系进行分析时，同样需要将投资、进度、质量三大目标作为一个系统统筹考虑，同样需要反复协调和平衡，力求实现整个目标系统最优也就是实现投资、进度、质量三大目标的统一。

二、目标控制原理

控制是工程项目管理的重要职能之一。控制通常是指管理人员按照事先制订的计划和标准，检查和衡量被控对象在实施过程中所取得的成果，并采取有效措施纠正所发生的偏差，以保证计划目标得以实现的管理活动。由此可见，实施控制的前提是确定合理的目标和制订科学的计划，继而进行组织设置和人员配备，并实施有效的领导。计划一旦开始执行，就必须进行控制，以检查计划的实施情况。当发现实施过程有偏离时，应分析偏离计划的原因，确定应采取的纠正措施，并采取纠正行动。在纠正偏差的行动中，继续进行实施情况的检查，如此循环，直至工程项目目标实现为止，从而形成一个反复循环的动态控制过程。

（一）控制的基本程序

在控制过程中，都要经过投入、转换、反馈、对比、纠正等基本环节。如果缺少这些基本环节中的某一个，动态控制过程就不健全，就会降低控制的有效性。

1. 投入

控制过程首先从投入开始。一项计划能否顺利地实现，基本条件是能否按计划所要求的人力、材料、设备、机具、方法和信息等进行投入。计划确定的资源数量、质量和投入的时间是保证计划实施的基本条件，也是实现计划目标的基本保障。因此，要使计划能够正常实施并达到预定目标，就应当保证将质量、数量符合计划要求的资源按规定时间和地点投入到工程建设中。项目管理人员如果能把握住对“投入”的控制，也就把握住了控制的起点要素。

2. 转换

工程项目的实现总是要经由投入到产出的转换过程。正是由于这样的转换，才使投入的人、财、物、方法、信息转变为产出品，如设计图纸、分项（分部）工程、单位工程，最终输出完整的工程项目。在转换过程中，计划的执行往往会受到来自外部环境和内部系统多因素的干扰，造成实际进展情况偏离计划轨道。而这类干扰往往是潜在的，未被人们所预料或人们无法预料的。同时，由于计划本身不可避免地存在着程度不同的问题，因而造成实际输出结果与期望输出结果之间发生偏离。为此，项目管理人员应当做好“转换”过程的控制工作，跟踪了解工程实际进展情况，掌握工程转换的第一手资料，为今后分析偏差原因、确定纠正措施提供可靠依据。同时，对于那些可以及时解决的问题，采取“即时控制”措施，及时纠正偏差，避免“积重难返”。

3. 反馈

反馈是控制的基础工作。对于一项即使认为制订得相当完善的计划，项目管理人员也难以对其运行的结果有百分之百的把握。因为在计划的实施过程中，实际情况的变化是绝对的，不变是相对的。每个变化都会对预定目标的实现带来一定的影响。因此，项目管理人员必须在计划与执行之间建立密切的联系，及时捕捉工程进展信息并反馈给控制部门，为控制服务。

为使信息反馈能够有效地配合控制的各项工作，使整个控制过程流畅地进行，需要设计信息反馈系统。它可以根据需要建立信息来源和供应程序，使每个控制和管理部门都能及时获得所需要的信息。

4. 对比

对比是将实际目标成果与计划目标相比较，以确定是否有偏离。对比工作的第一步是收集工程实施成果并加以分类、归纳，形成与计划目标相对应的目标值，以便进行比较。对比工作的第二步是对比较结果进行分析，判断实际目标成果是否出现偏离。如果未发生偏离或所发生的偏离属于允许范围之内，则可以继续按原计划实施。如果发生的偏离超出允许的范围，就需要采取措施予以纠正。

5. 纠正

当出现实际目标成果偏离计划目标的情况时，就需要采取措施加以纠正。如果是轻度偏离，通常可采用较简单的措施进行纠偏。如果目标有较大偏离时，则需要改变局部计划才能使计划目标得以实现。如果已经确定的计划目标不能实现，那就需要重新确定目标，然后根据新目标制订新计划，使工程在新的计划状态下运行。当然，最好的纠偏措施是把管理的各项职能结合起来，采取系统的办法。这不仅需要在计划上做文章，还要在组织、人员配备、领导等方面做文章。

总之，每一次控制循环结束都有可能使工程呈现出一种新的状态，或者是重新修订计划，或者是重新调整目标，使其在这种新状态下继续开展。

（二）控制的类型

由于控制方式和方法的不同，控制可分为多种类型。例如，按照事物发展过程，控制可分为事前控制、事中控制、事后控制。按照是否形成闭合回路，控制可分为开环控制和闭环控制。按照纠正措施或控制信息的来源，控制可分为前馈控制和反馈控制。归纳起来，控制可分为两大类，即主动控制和被动控制。

1. 主动控制

主动控制就是预先分析目标偏离的可能性，并拟定和采取各项预防性措施，以使计划目标得以实现。主动控制是一种面对未来的控制，它可以解决传统控制过程中存在的时滞影响，尽最大可能改变偏差已经成为事实的被动局面，从而使控制更为有效。

主动控制是一种前馈控制。当控制者根据已掌握的可靠信息预测出系统将要输出偏离计划的目标时，就制定纠正措施并向系统输入，以便使系统的运行不发生偏离。主动控制又是一种事前控制，它必须在事情发生之前采取控制措施。

实施主动控制，可以采取以下措施：①详细调查并分析研究外部环境条件，以确定影响目标实现和计划实施的各种有利和不利因素，并将这些因素考虑到计划和其他管理职能之中。②识别风险，努力将各种影响目标实现和计划实施的潜在因素揭示出来，为风险分析和管理提供依据，并在计划实施过程中做好风险管理工作。③用科学的方法制订计划。做好计划可行性分析，消除那些造成资源不可行、技术不可行、经济不可行和财务不可行的各种错误和缺陷，保障工程的实施能够有足够的时间、空间、人力、物力和财力，并在此基础上力求使计划得到优化。事实上，计划制订得越明确、完善，就越能设计出有效的控制系统，也就越能使控制产生更好的效果。④高质量地做好组织工作，使组织与目标和计划高度一致，把目标控制的任务与管理职能落实到适当的机构和人员，做到职权与职责明确，使全体成员能够通力协作，为共同实现目标而努力。⑤制订必要的备用方案，以对付可能出现的影响目标或计划实现的情况。一旦发生这些情况，因有应急措施做保障，从而可以减少偏离量，或避免发生偏离。⑥计划应有适当的松弛度，即“计划应留有余地”。这样，可以避免那些经常发生但又不可避免的干扰因素对计划产生影响，减少“例外”情况产生的数量，从而使管理人员处于主动地位。⑦沟通信息流通渠道，加强信息收集、整理和研究工作，为预测工程未来发展状况提供全面、及时、可靠的信息。

2. 被动控制

被动控制是指当系统按计划运行时，管理人员对计划的实施进行跟踪，将系统输出的信息进行加工、整理，再传递给控制部门，使控制人员从中发现问题，找出偏差，寻求并确定解决问题和纠正偏差的方案，然后再回送给计划实施系统付诸实施，使得计划目标一旦出现偏离就能得以纠正。被动控制是一种反馈控制。对项目管理人员而言，被动控制仍然是一种积极的控制，也是一种十分重要的控制方式，而且是经常采用的控制方式。

被动控制可以采取以下措施：①应用现代化管理方法和手段跟踪、测试、检查工程实施过程，发现异常情况，及时采取纠偏措施；②明确项目管理组织中过程控制人员的职责，发现情况及时采取措施进行处理；③建立有效的信息反馈系统，及时反馈偏离计划目标值的情况，以便及时采取措施予以纠正。

3. 主动控制与被动控制的关系

对项目管理人员而言，主动控制与被动控制都是实现项目目标所必须采用的控制方式。有效的控制是将主动控制与被动控制紧密地结合起来，力求加大主动控制在控制过程中的比例，同时进行定期、连续的被动控制。只有如此，才能完成项目目标控制的根本任务。

（三）动态控制原理

项目管理的核心是投资目标、进度目标和质量目标的三大目标控制，目标控制的核心是计划、控制和协调，即计划值与实际值比较，而计划值与实际值比较的方法是动态控制原理。项目目标的动态控制是项目管理最基本的方法，是控论的理论和方法在项目管理中的应用，因此，目标控制最基本的原理就是动态控制原理。

所谓动态控制，指根据事物及周边的变化情况，实时实地进行控制。

项目在实施过程中有时并不能够按照预定计划顺利地执行，因此必须实施控制。项目管理领域有一条重要的哲学思想：变是绝对的，不变是相对的；平衡是暂时的，不是永恒的；有干扰是必然的，没有干扰是偶然的。因此，在项目实施过程中必须随着情况的变化进行项目目标的动态控制。

项目目标动态控制是一个动态循环过程。项目进展初期，随着人力、物力、财力的投入，项目按照计划有序开展。在这个过程中，有专门人员陆续收集各个阶段的动态实际数据，实际数据经过收集、整理、加工、分析之后，与计划值进行比较。如果实际值与计划值没有偏差，则按照预先制订的计划继续执行。如果产生偏差，就要分析偏差原因，采取必要的控制措施，以确保项目按照计划正常进行。下一阶段工作开展过程中，按照此工作程序动态循环跟踪。

项目目标动态控制中的三大要素是目标计划值、目标实际值和纠偏措施。目标计划值是目标控制的依据和目的，目标实际值是进行目标控制的基础，纠偏措施是实现目标的途径。

项目目标的计划值是项目实施之前，以项目目标为导向制订的计划，其特点是项目的计划值不是一次性的，随着项目的进展计划值也需要逐步细化。因此，在项目实施各阶段都要编制计划。在项目实施的全过程中，不同阶段所制订的目标计划值也需要比较，因此需要对项目目标进行统一的目标分解结构，以有利于目标计划值之间的对比分析。

目标控制过程中关键一环，是通过目标计划值和实际值的比较分析，以发现偏差，即项目实施过程中项目目标的偏离趋势和大小。这种比较是动态的、多层次的。同时，目标的计划值与实际值是相对的，如投资控制贯穿于项目实施全过程，初步设计概算相对于可行性研究报告中的投资匡算是“实际值”，相对于项目预算是“计划值”。

项目进展的实际情况，以及正在进行的实际投资、实际进度和实际质量数据的获取必须准确。如实际投资不能漏项，要完整反映真实投资情况。

要做到计划值与实际值的比较，前提条件是各阶段计划数据与实际值要有统一的分解结构和编码体系，相互之间的比较应该是分层次、分项目的比较，而不单纯是总值之间的比较，只有各分项对应比较，才能找出偏差，分析偏差的原因并及时采取纠偏措施。

三、目标控制的风险评价与识别

企业在实现其目标的经营活动中，会遇到各种不确定性事件，这些事件发生的概率及其影响程度是无法事先预知的，这些事件将对经营活动产生影响，从而影响企业目标实现的程度。这种在一定环境下和一定限期内客观存在的、影响企业目标实现的各种不确定性事件就是风险。

风险管理工作的起点就是风险识别，即风险主体要弄清楚哪些经济指标未来的不确定性，可能需要加以管理，这些指标的不确定性是由什么事由导致，这些事由的原因是什么等。

风险识别为风险分析、风险评价提供对象和基础，从而也为风险管理对策提供工作方向。

（一）风险要素

风险要素

当我们定义风险为人类预谋行为其结果的不确定性，而结果在大多数情况下可用数量指标表示时，我们实际上在暗示，有些事件可能导致这些指标未来的水平可能偏离正常的或预期的水平。这些事件我们可以叫作风险事件。

风险的组成因素包括：风险因素、风险事故和损失。

（1）风险因素

风险因素是指引起或增加风险事故发生的机会或扩大损失幅度的条件，是风险事故发生的潜在原因。风险因素可分为物质风险因素、道德风险因素和心理风险因素。

（2）风险事故

风险事故是指造成财产损失和人身伤亡的偶发事件。只有通过风险事故的发生，才能导致损失。风险事故意味着损失的可能成为现实，即风险的发生。

（3）损失

损失是指非故意的、非预期的和非计划的经济价值的减少。

风险是由风险因素、风险事故和损失三者构成的统一体。三者的关系为：风险因素引起或增加风险事故；风险事故发生可能造成损失。

（二）风险分类

常用的风险分类有如下几种。

1. 按照风险的性质划分

纯粹风险、投机风险。纯粹风险指当风险事件发生（或不发生）时，其后果是人类财富的损失，只是损失的大小不同而已。无人能直接从风险事件中获益。

投机风险主要是价格风险。当风险事件发生时，一些风险主体从中获益，另一些风险主体则受损。投机风险的风险事件包括：商品价格波动、利率波动、汇率波动等。

2. 按照风险致损的对象划分

财产风险、人身风险、责任风险。

财产风险：财产价值增减的不确定性。

人身风险：分为生命风险和健康风险。前者是寿命的不确定性，后者是健康状态的不确定性。

责任风险：社会经济体因职业或合同，对其他经济体负有财产或人生责任大小的不确定性。

3. 按照风险发生的原因划分

自然风险、社会风险、经济风险、政治风险。这是从风险源考虑问题，自然风险指自然不可抗力，如地震、海啸、风雨雷电等，带来的我们关心的数量指标的不确定性。

社会风险指社会中非特定个人的反常行为或不可预料的团体行为，如盗、抢、暴动、罢工等，带来的我们关心的数量指标的不确定性。

经济风险，则是风险主体的经济活动和经济环境因素，带来的我们关心的数量指标的不确定性。

政治风险，因种族、宗教、战争、国家间冲突、叛乱等，带来的我们关心的数量指标的不确定性。

4. 按照产生风险的环境划分

静态风险、动态风险。

静态风险：自然力的不规则变动或人们的过失行为导致的风险。

动态风险：社会、经济、科技或政治变动产生的风险。

5. 按风险涉及范围划分

特定风险、基本风险。

特定风险：与特定的人有因果关系的风险，即由特定的人所引起的，而且损失仅涉及特定个人的风险。

基本风险：其损害波及社会的风险。基本风险的起因及影响都不与特定的人有关，至少是个人所不能阻止的风险。与社会或政治有关的风险、与自然灾害有关的风险都属于基本风险。

（三）企业风险和个人风险

1. 企业的纯粹风险和投机风险

从风险管理的角度讲，企业风险按纯粹风险和投机风险分类较适宜。

企业的纯粹风险包括：①财产损失风险。由物理损害、被盗、政府征收而导致的公司财产损失的风险。②法律责任风险。给供应商、客户、股东、其他团体带来的人身伤害或财产损失而必须承担法律责任的风险。③员工伤害险。对雇员造成人身伤害而引起的赔偿风险。④员工福利风险。由于雇员死、残、病而引起、依雇员福利计划需要支付费用的风险。⑤信用风险。当企业作为债权人（如赊销、借出资金等）时，债务人有可能不按约定履行或不履行偿债义务。当企业作为债务人时，也可能不能按约定履行或不履行偿债义务。两种情况都会给公司带来额外损失。

企业的投机风险则包括：商品价格风险（买价、卖价）、利率风险和汇率风险。

2. 个人风险

个人风险可罗列如下：收入风险、医疗费用风险、长寿风险、责任风险、实物资产与负债风险、金融资产与负债风险。

（四）风险识别

1. 风险识别的特点和原则

（1）风险识别的特点

①个别性。任何风险都有与其他风险不同之处，没有两个是完全一致的。在风险识别时尤其要注意这些不同之处，突出风险识别的个别性。②主观性。风险识别都是由人来完成的，由于个人的专业知识水平（包括风险管理方面的知识）、实践经验等方面的差异，同一风险由不同的人识别的结果就会有较大的差异。风险本身是客观存在的，但风险识别是主观行为。在风险识别时，要尽可能减少主观性对风险识别结果的影响。要做到这一点，关键在于提高风险识别的水平。③复杂性。工程所涉及的风险因素和风险事件均很多，而且关系复杂、相互影响，这给风险识别带来很强的复杂性。因此，工程风险识别对风险管理人员要求很高，并且需要准确、详细的依据，尤其是定量的资料和数据。④不确定性。这一特点可以说是主观性和复杂性的结果。在实践中，可能因为风险识别的结果与实践不符而造成损失，这往往是由于风险识别结论错误导致风险对策略决策错误而造成的。由风险的定义可知，风险识别本身也是风险。因而避免和减少风险识别的风险也是风险管理的内容。

（2）严格识别的原则

在风险识别过程中应遵循以下原则：①由粗及细，由细及粗。由粗及细是指对风险因素进行全面分析，并通过多种途径对工程风险进行分解，逐渐细化，以获得对工程风险的广泛认识，从而得到工程初始风险清单。确定那些对工程目标实现有较大影响的工程风险，作为主要风险，即作为风险评价以及风险对策的主要对象。②严格界定风险内涵并考虑风险因素之间的相关性。对各种风险的内涵要严格加以界定，不要出现重复和交叉现象。另外，还要尽可能考虑各种风险因素之间的相关性，如主次关系、因果关系、互斥关系、正相关关系、负相关关系等。应当说，在风险识别阶段考虑风险因素之间的相关性有一定的难度，但至少要做到严格界定风险内涵。③先怀疑，后排除。对于所遇到的问题都要考虑其是否存在不确定性，不要轻易否定或排除某些风险，要通过认真的分析进行确认或排除。④排除与确认并重。对于肯定可以排除和肯定可以确认的风险应尽早予以排除和确认。对于一时既不能排除又不能确认的风险再作进一步的分析，予以排除或确认。最后，对于肯定不能排除但又不能肯定予以确认的风险按确认考虑。⑤必要时，可做实验论证。对于某些按常规方式难以判定其是否存在，也难以确定其对工程目标影响程度的风险，尤其是技术方面的风险，必要时可做实践论证。这样做的结论可靠，但要以付出费用为代价。

2. 风险识别的过程

工程自身及其外部环境的复杂性，给人们全面地、系统地识别工程风险带来了许多具体的困难，同时也要求明确工程风险识别的过程。

由于工程风险识别的方法与风险管理理论中提出的一般的风险识别方法有所不同，因而其风险识别的过程也有所不同。工程的风险识别往往是通过经验数据的分析、风险调查、专家咨询以及实验论证等方式，在对工程风险进行多维分解的过程中，认识工程风险，建立工程风险清单。

四、测绘工程项目成本控制

（一）概述

测绘工程项目成本是测绘过程中各种耗费的总和。测绘工程项目成本管理，就是在保证满足工程质量、工期等合同要求的前提下，对项目实施过程中所发生的成本费用支出，有组织、有目标、有系统地进行预测、计划、控制、协调、核算、考核、分析等科学管理的工作。它是为了实现预定的成本目标，以尽可能地降低成本为宗旨的一项综合性的科学管理工作。测绘企业只有认清形势，建立适应市场的科学的成本管理机制，才能赢得社会信誉，赢得企业效益。

测绘项目成本管理的目标是在保证质量前提下，寻找进度和成本的最优解决方案，并采用先进的信息技术手段，应用现代科学成本管理方法对成本、进度进行有效的综合控制，给工程带来较大的效益。

测绘项目成本管理的内容贯穿于测绘项目管理活动的全过程和各个方面，从测绘项目合同的签订开始到实施准备、测绘，直至资料验收，每个环节都离不开成本管理工作。测绘工程项目成本管理的主要控制要素是工程质量、工程工期、施测安全。通过技术方案的制订、项目实施的核算和测绘成本管理等一系列活动来达到预定目标，实现赢利的目的。

（二）成本预测

测绘工程项目的成本预测是根据测绘合同、招标文件和进度计划做出的科学预算，它是进行成本分析比较的基础，也是测绘过程中进行成本控制的目标。它的制定必须充分考虑如下因素：人、财、物等资源配置相对合理，各种资源的工作效率和可利用程度，难以避免的损耗、低效率，技术难度、自然环境造成的返工等。这样制定出来的目标成本切合实际，切实可行，操作起来虽有难度，但能够达到目标，从而具有客观性、科学性、现实性、激励性和稳定性。

成本预算是通过货币的形式来评价和反映项目工程的经济效果，是加强企业管理、实行经济核算、考核工程成本和编制工程进度计划的依据，是为科学编制合理的成本控制目标提供依据。因此，成本预测对成本计划的科学性、降低成本和提高经济效益，具有重要的作用。加强成本控制，先要抓成本预测，成本预测的内容主要是使用科学的方法，结合合同价，根据各项目的测区条件、仪器设备、人员素质等对项目的成本目标进行预测。

1. 预测信息的获取与分析

掌握测绘工程信息，科学运筹前期工作。测绘工程项目预测是成本控制的重要前期工作，要充分认识项目成本预测的意义。

①首先要掌握该项目准确的工程信息，了解项目业主的机构职责、队伍状况、资质信誉等基本情况；②掌握测绘工程项目的性质，弄清工程投资渠道和资金是否可以到位等情况；③掌握测绘工程项目的主要内容，了解项目的工程量、难易程度、工期、人员、设备、业主的要求；④分析在正常情况下完成该工程所需的人力、材料、仪器设备、外业施测杂费（外业施测人员的车费、餐费、住宿费等）、管理费、税金等所有的成本；⑤测绘企业根据自身的综合因素，做出合理报价。

2. 成本控制目标的确定

做好测绘工程项目工、料、费用预测，确定成本控制目标。根据测绘工程项目的规模、标准、工期的长短、拟投入的人员设备的多少，按实际发生并参考以往测绘工程项目的历史数据，结合项目所在地的经济情况来综合预测项目工程的成本费用。

首先，分析测绘工程项目所需人员及人工费单价，然后分析员工的工资水平及社会劳务的市场行情，根据工期及准备投入的人员数量分析该项工程合同价中人工费所占比例。

测绘工程项目中劳务费的支付在成本费用中所占比重较大，而且工期的长短和质量管理的控制都与人员有着重要的关联，所以应作为重点予以准确把握。

测算所需材料及费用，主要指外业施测过程中所需的各类测绘标志及其相关辅助材料的费用。

测算使用的仪器设备及费用。在测绘行业中，除测绘劳务费外仪器设备的投入在成本费用中所占比重较大。而所需的仪器设备的型号应根据合同规定的项目标准来确定。设备的数量一般是根据工期以及总的工程量计算出来的，因此要测算实际将要发生的仪器费用。同时，还要计算需新购置仪器设备费的摊销费。

测算间接费用。间接费用占总成本的15%~20%，主要包括测绘企业管理人员的工资、办公费、工具用具使用费、财务费用等。

成本失控的风险分析。是对在本项目中实施可能影响目标实现的因素进行事前分析，通常可以从以下五方面来进行分析。

第一，对测绘工程项目技术特征的认识。

第二，对业主有关情况的分析，包括业主单位的信用、资金到位情况、组织协调能力等。

第三，对项目组织系统内部的分析，包括组织施测方案、资源配备、队伍素质等方面。

第四，对项目所在地的交通状况的分析。

第五，对气候的分析。气候的因素对工程的进度影响很大，特别是前期外业作业过程中，这一点很重要。

总之，通过对上述几种主要费用的预测，既可确定直接费用、间接费用的控制标准，也可确定必须在多长工期内完成该项目，达到项目管理的目标控制。所以说，成本预测是成本控制的基础。

（三）降低成本计划

降低项目成本的方法有多种，概括起来可以从合同管理、组织、技术、经济等几个方面采取措施控制，找出有效途径，实现成本控制目标。

1. 成本分析

成本分析对各种成本（包括人工费、材料费、仪器设备费、其他直接费用、间接费用）进行分析、管理和收集。系统地研究成本变动因素，检查成本计划的合理性。通过分析，深入揭示成本变动规律，寻求降低工程项目成本的途径。

实际的利润也就是企业的效益（盈余值），是一种能全面衡量工程进度、成本状况的整体方法，其基本要素是用货币量代替工程量来测量工程的进度。因此，盈余值也反映了项目管理者的管理水平。

2. 采取组织措施控制工程成本

要明确项目部的机构设置与人员配备，明确管理部门、作业队伍之间职权关系的划分。项目一般实行项目责任制，由项目负责人统一管理，对整体利益负责任。项目部各成员要在保证质量的前提下，严格执行项目成本分析标准，确保正常情况下不超成本支出，如果遇到不可预见的情况，超成本较大时，应及时找出原因。在具体工作中，工作要仔细、资料要完整、签认要及时、索赔要主动。如属工程量追加，则应积极、及时同业主协调，追加费用。

3. 采取技术措施控制工程成本

要充分发挥技术人员的主观能动性，对主要技术方案做必要的技术经济论证，以寻求较为经济可靠的方案，从而降低工程成本，包括采用新技术、新方法、新材料等成本。

4. 采取经济措施控制工程成本

（1）加强合同管理，控制工程成本

合同管理是测绘项目管理的重要内容，也是降低工程成本，提高经济效益的有效途径。企业必须以工程承包合同为标准，确定适宜的质量目标。质量目标定得高，相应的质量标准也要高，投入也要增大。因此，每项工程要达到什么目标要事先认真研究，除树立品牌、扩大知名度外，要仔细研究承包合同的要求，恰当地把准合同要求的临界点。在具体工作中，应注意从三个角度把握好质量标准：第一，对超标准创优工程，要从企业的宏观环境和自身实力出发，不可轻易做出不切实际的承诺，片面追求虚名，增加测绘工程成本；第二，安全也是直接影响企业效益的一个方面，加强安全管理工作，势必在安全保护措施上增加投入或花费一定的管理精力；第三，以合同为准则，搞好资金管理，及时确保工程款项按期收回。

（2）人工费控制

企业资源的有效配置、合理使用是发挥资源整体效能的技术环节。人力资源是决定其他资源能否合理有效配置的前提。而人工费一般占全部工程费很大的比例，所以要严格控制人工费。企业要制定出切实可行的劳动定额，要从用人数量上加以控制，有针对性地减少或缩短某些工序的工日消耗，力争做到实际结账不突破定额单价的同时，提高工效，提高劳动生产率。另外，还要加强工资的计划管理，提高出勤率和工时利用率，尤其要减少非生产用工和辅助用工，保证人工费不突破目标。

（3）材料费的控制

要严格计算材料的使用计划。

（4）仪器设备费的控制

根据细化后的组织实施方案，合理安排，充分利用仪器，减少停滞，保证仪器设备高效运转。

（5）加强质量管理，控制返工率

在工程实施过程中，要严把工程质量关，各级质量自检人员定点、定岗、定责，加强测绘工序的质量自检，使管理工作真正贯彻到整个过程中。采取防范措施，做到工程一次合格，杜绝返工现象的发生，避免造成人、财、物等大量的投入而加大工程项目成本。

总之，只有成本预测成为行为目标，成本控制才有针对性。不进行成本控制，成本预测也就失去了存在的意义，也就无从谈成本管理了。成本预测、成本控制又是降低成本的基础，三者之间，相辅相成，对测绘项目成本的控制起到十分重要的作用。

(四) 成本控制

项目成本控制就是在项目实施过程中对资源的投入、测绘过程及成果进行监督、检查和衡量，并采取措施确保项目成本目标的实现。成本控制的对象是工程项目，其主体则是人的管理活动，目的是合理使用人力、物力、财力，降低成本，增加效益。

成本控制是测绘项目能否对企业产生效益的关键。对于测绘项目的成本控制主要注重下面几个环节。

1. 全员成本控制

成本控制涉及项目组织中的所有部门、班组和员工的工作，并与每一个员工的切身利益有关。实行岗位目标责任制，充分调动职工的工作积极性和主动性，增强责任感和紧迫感，使每个部门、班组和每一名员工控制成本、关心成本，真正树立起全员控制的观念。针对测绘项目的性质不同，可以实行包干制、月薪制、日薪制等。

2. 全程成本控制

首先要把计划的方针、任务、目标和措施等逐一分解落实，越具体越好，要落实到班组甚至个人。责任要全面，既要有工作责任，更要有成本责任，责、权、利相结合，对责任人的业绩进行检查和考评，并同其工资、奖金挂钩，做到奖罚分明。

项目成本的发生涉及项目的整个周期。项目成本形成的全过程，是从项目的准备开始，经测绘过程至资料验收移交后的后期服务的结束。因此，成本控制工作要伴随项目实施的每一阶段，如在准备阶段要制订最佳的组织实施方案。实施阶段按照业主要求和技术规范要求，充分利用现有的资源，减少成本支出，并确保工程质量，减少工程返工费和工程移交后的后期服务费用。工程资料验收、移交阶段，要及时依合同价款办理工程结算，使工程成本自始至终处于有效控制之下。

3. 动态控制原则

成本控制是在不断变化的环境下进行的管理活动，所以必须坚持动态控制的原则。所谓动态控制，就是将人、财、物投入到测绘工程项目实施过程中，收集成本发生的实际值，将其与目标值相比较，检查有无偏差，若无偏差，则继续进行，否则要找出具体原因，采取相应措施。实施成本控制过程应遵循“例外”管理方法，所谓“例外”，是指在工程项目建设活动中那些不经常出现的问题，但其中的关键性问题对成本目标的顺利完成影响重大，也必须予以高度重视。在项目实施过程中属于“例外”的情况，如测区征地，拆迁范围红线业主临时变更，临时租用费的上升，天气的原因工期无法及时完成，仪器设备的损毁与检修等。这些情况都会影响工程项目进度的顺利进行。

4. 节约原则

节约就是项目实施过程中人力、物力和财力的节省，是成本控制的基本原则。节约绝对不是消极地限制与监督，而是要积极创造条件，要着眼于成本的事前监督、过程控制，在实施过程中经常检查是否出现偏差。优化施工方案，从而提高项目的科学管理水平以达到节约的目标。

只有把测绘项目成本管理与测绘实际工作相结合，有组织、有系统地进行预测、计划、控制、协调、核算、考核、分析等科学管理工作，并建立适宜的激励约束机制，才能使测绘企业的经济效益不断提高，立足于更加激烈的竞争市场。

第二节　测绘工程的质量控制

一、质量术语

质量，是一个企业的生命，是一个地区、一个行业经济振兴和发展的基石，也是一个国家科技水平和管理水平的综合表征，是一个民族、一个国家素质的反映。

同时，质量也是质量管理基本概念中一个最基本、最重要的概念。为此，首先应该弄清质量及其有关的一些术语。

（一）质量

一组固有特性满足明示的、通常隐含的或必须履行的需求或期望的程度。

（二）质量管理体系

在质量方面指挥和控制组织的管理体系。

（三）质量策划

策划是质量管理的一部分，致力于制定质量目标并规定必要的运行过程和相关资源以实现质量目标。编制质量计划可以是质量策划的一部分。

理解要点：①质量活动是从质量策划开始的，质量策划包括规定质量目标，为实现质量目标而规定所需的过程和资源；②质量策划是组织的持续性活动，要求组织进行质量策划并确保质量策划在受控状态下进行；③质量策划是一系列活动（或过程），质量计划是质量策划的结果之一。质量策划、质量控制、质量改进是质量管理大师朱兰提出的质量管理的三个阶段。

（四）质量控制

质量控制是质量管理的一部分，致力于满足质量要求。

理解要点：①质量控制的目标是确保产品、过程或体系的固有特性达到规定的要求；②质量控制的范围应涉及与产品质量有关的全部过程，以及影响过程质量的人、机、料、法、环、测等因素。

（五）质量改进

质量管理的一部分，致力于增强满足质量要求的能力。要求可以是有关任何方面的，如有效性、效率或可追溯性。

理解要点：①影响质量要求的因素会涉及组织的各个方面，在各个阶段、环节、职能、层次均有改进机会，因此组织的管理者应发动全体成员并鼓励他们参与改进活动；②改进的重点是提高满足质量要求的能力。

（六）质量保证

质量保证指为使人们确信某一产品、过程或服务的质量所必需的全部有计划有组织的活动。也可以说是为了提供信任表明实体能够满足质量要求，而在质量体系中实施并根据需要进行证实的全部有计划和有系统的活动。

质量保证就是按照一定的标准生产产品的承诺、规范、标准。由国家市场监督管理总局提供产品质量技术标准。即生产配方、成分组成，包装及包装容量多少，运输及贮存中注意的问题，产品要注明生产日期、厂家名称、地址等，经国家市场监督管理总局批准这个标准后，公司才能生产产品。国家市场监督管理总局就会按这个标准检测生产出来的产品是否符合标准要求，以保证产品的质量符合社会大众的要求。

为使人们确信某实体能满足质量要求，而在质量体系中实施并根据需要进行证实的全部有计划、有系统的活动，称为质量保证。显然，质量保证一般适用于有合同的场合，其主要目的是使用户确信产品或服务能满足规定的质量要求。如果给定的质量要求不能完全反映用户的需要，则质量保证也不可能完善。质量控制和质量保证是采取措施，以确保有缺陷的产品或服务的生产和设计符合性能要求。其中质量控制包括原材料、部件、产品和组件的质量监管，与生产相关的服务和管理，生产和检验流程。

二、质量体系的建立、实施与认证

质量管理体系是企业内部建立的、为保证产品质量或质量目标所必需的、系统的质量活动。它根据企业特点选用若干体系要素加以组合，加强从设计研制、生产、检验、销售、使用全过程的质量管理活动，并予制度化、标准化，成为企业内部质量工作的要求和活动程序。客观地说，任何一个企业都有其自身的质量管理体系，或者说都存在着质量管理体系，然而企业传统的质量管理体系能否适应市场及全球化的要求，并得到认可却是一个未知数。因此，企业建立一个国际通行的质量管理体系并通过认证是提升企业质量管理水平、增强自身竞争力的第一步。

（一）质量管理体系的建立与实施

质量管理体系的建立与实施所包含的内容很多，主要包括以下八个方面。

1. 质量方针和质量目标的确定

根据企业的发展方向、组织的宗旨，确定与之相适应的质量方针，并做出质量承诺。在质量方针提供的质量目标框架内明确规定组织以及相关职能等各层次上的质量目标，同时要求质量目标应当是可测量的。

2. 质量管理体系的策划

组织依据质量方针和质量目标，应用过程方法对组织应建立的质量管理体系进行策划。在质量管理体系策划的基础上，还应进一步对产品实现过程和相关过程进行策划。策划的结果应满足企业的质量目标及相应的要求。

3. 企业人员职责与权限的确定

组织依据质量管理体系以及产品实现过程等策划的结果，确定各部门、各过程及其他与质量有关的人员所应承担的相应职责，并赋予其相应的权限，确保其职责和权限得以沟通。

4. 质量管理体系文件的编制

组织应依据质量管理体系策划以及其他策划的结果确定管理体系文件的框架和内容，在质量管理体系文件的框架内，明确文件的层次、结构、类型、数量、详略程度，并规定统一的文件格式。

5. 质量管理体系文件的学习

在质量管理体系文件正式发布前，认真学习质量管理体系文件对质量管理体系的真正建立和有效实施起着至关重要的作用。只有企业各部门、各级人员清楚地了解到质量管理体系文件对本部门、本岗位的要求以及与其他部门、岗位之间的相互关系的要求，才能确保质量管理体系在整个组织内得以有效实施。

6. 质量管理体系的运行

质量管理体系文件的签署意味着企业所规定的质量管理体系正式开始实施运行。质量管理体系运行主要体现在两个方面：一是组织所有质量活动都依据质量管理体系文件的要求实施运行；二是组织所有质量活动都在提供证据，以证实质量管理体系的运行符合要求并得到有效实施和保持。

7. 质量管理体系的内部审核

质量管理体系的内部审核是组织自我评价、自我完善的一种重要手段。企业通常在质量管理体系运行一段时间后，组织内审人员对质量管理体系进行内部审核，以确保质量管理体系的适用性和有效性。

8. 质量管理体系的评审

在内部审核的基础上，组织的最高管理者应就质量方针、质量目标，对质量管理体系进行系统的评审，一般也称为管理评审。其目的在于确保质量管理体系持续的适宜性、充分性、有效性。通过内部审核和管理评审，在确认质量管理体系运行符合要求并且有效的基础上，组织可向质量管理体系认证机构提出认证申请。

（二）质量管理体系认证的实施程序

质量管理体系认证的实施程序有如下几步。

1. 提出申请

申请单位向认证机构提出书面申请。

经审查符合规定的申请要求，则决定接受申请，由认证机构向申请单位发出《接受申请通知书》，并通知申请方下一步与认证有关的工作安排，预交认证费用。若经审查不符合规定的要求，认证机构将及时与申请单位联系，要求申请单位做必要的补充或修改，符合规定后再发出《接受申请通知书》。

2. 认证机构进行审核

认证机构对申请单位的质量管理体系审核是质量管理体系认证的关键环节，其基本工作程序是：①文件审核；②现场审核；③提出审核报告。

3. 获准认证后的监督管理

认证机构对获准认证（有效期为3年）的供方质量管理体系实施监督管理。这些管理工作包括：供方通报、监督检查、认证注销、认证暂停、认证撤销、认证有效期的延长等。

（三）质量管理体系的认证

质量管理体系认证是指依据质量管理体系标准，经认证机构评审，并通过质量管理体系注册或颁发证书来证明某企业或组织的质量管理体系符合相应的质量管理体系标准的活动。

质量管理体系认证由认证机构依据公开发布的质量管理体系标准和补充文件，遵照相应认证制度的要求，对申请方的质量管理体系进行评价，合格的由认证机构颁发质量管理体系认证证书，并实施监督管理。

认证所遵循原则包括：

1. 坚持自愿申请的原则

除强制性的认证及特殊领域的质量体系的认证外，质量管理体系认证坚持自愿申请的原则，但企业在认证机构颁发认证证书和标志后应接受其严格的监督管理。

2. 坚持促进质量管理体系有效运行的原则

认证的最终目的是提高企业产品质量和市场竞争力，质量管理体系的有效运行是促进企业不断完善质量管理体系的根本保障。

3. 积极采用国际标准，消除贸易技术壁垒的原则

贸易技术壁垒是指各国、地区制定或实施了不恰当的技术法规、标准、合格评定程序等，给国际贸易造成的障碍。只有消除不必要的技术壁垒，才能达到质量认证的另一目的，即促进市场公平、公开和公正的质量竞争。

4. 坚持透明的原则

质量管理体系认证由具有法人地位的第三方认证机构承担，并接受相应的监督管理，依靠其公正、科学和有效的认证服务取得权威和信誉，认证规则、程序、内容和方法均公开、透明，避免认证机构之间的不正当竞争。

三、影响测绘工程质量因素的控制

影响工程质量的因素主要有“人、机、料、法、环”等因素。在测绘工程质量管理

中，影响质量的因素主要有“人、仪器和环境”三方面。因此，事先对这三方面的因素严格予以控制，是保证测绘工程项目质量的关键。

（一）人的控制

人，指直接参与测绘工程实施的决策者、组织者、指挥者和操作者。人，作为控制的对象，是避免产生失误，作为控制的动力，是充分调动人的积极性，发挥人的因素第一的主导作用。

为了避免人的失误，调动人的主观能动性，增强人的责任感和质量观，达到以工作质量保工序质量，促工程质量的目的，除了加强政治思想教育、劳动纪律教育、职业道德教育、专业技术知识培训，健全岗位责任制，改善劳动条件，公平合理地激励外，还须根据测绘工程项目的特点，从确保质量出发，本着适才适用、扬长避短的原则来控制人的使用。

在测绘工程质量控制中，应从以下五方面来考虑人对质量的影响：①领导者的素质；②人的理论、技术水平；③人的心理行为；④人的错误行为；⑤人的违纪违章。

（二）仪器设备的控制

仪器设备的选择，应本着因工程制宜，按照技术上先进、经济上合理、生产上适用、性能上可靠、操作上方便等原则。

测绘工程必须采用一定的仪器或工具，而每一种仪器都具有一定的精密度，这使观测结果受到相应的影响。此外仪器本身也有一定的误差，必然会对测绘工程的观测结果带来误差。

（三）环境因素的控制

环境因素对测绘工程质量的影响，具有复杂多变的特点，如气象条件就变化万千，温度、湿度、大气折光、大风、暴雨、酷暑、严寒等都对观测成果质量产生影响。因此，观测值也就不可避免地存在着误差。

在测绘工程的整个过程中，不论观测条件如何，观测结果都含有误差。但粗差在测量结果中是不允许存在的，它会严重影响观测成果的质量，因此要求测量人员要具有高度的责任心和良好的工作作风，严格执行国家规范，坚持边工作边检查的原则，避免粗差的发生。为了杜绝粗差，除认真仔细地进行作业外，还要采取必要的检查措施。如对未知量进行多余观测，以便用一定的几何条件检验或用统计方法进行检验。

四、测绘工程实施过程中的质量控制

测绘工程生产质量是测绘工程质量体系中一个重要组成部分，是实现测绘产品功能和使用价值的关键阶段，生产阶段质量的好坏，决定着测绘产品的优劣。测绘工程生产过程就是其质量形成的过程，严格控制生产过程各个阶段的质量，是保证其质量的重要环节。

（一）测绘工程质量的特点及控制方针

1. 测绘工程质量特点

测绘工程产品质量与工业产品质量的形成有显著的不同，测绘工程工艺流动，类型复杂，质量要求不同，操作方法不一。特别是露天生产，受天气等自然条件制约因素影响大，生产具有周期性。所有这些特点，导致了测绘工程质量控制难度较大。具体表现在：①制约测绘工程质量的因素多，涉及面广。测绘工程项目具有周期性，人为和自然的很多因素都会影响到成果质量。②生产质量的离散度和波动性大，测绘工程质量变异性强。测绘项目涉及面广、参与人员素质参差不齐，且一般具有不可重复性，使得测绘工程个体质量稍不注意即有可能出现质量问题，特别是关键位置的测绘质量将直接影响到整体工程质量。③质量隐蔽性强。测绘工程大部分只能在工程完工后才能发现质量问题，因此，在测绘生产过程中必须现场管理，以便及时发现测绘质量问题。

所以，对测绘工程质量应加倍重视、一丝不苟、严加控制，使质量控制贯穿于测绘生产的全过程，对测绘工程量大、面广的工程，更应该注意。

2. 测绘工程质量控制的方针

质量控制是为达到质量要求所采取的作业技术和活动。它的目的在于，在质量形成过程中控制各个过程和工序，实现以“预防为主”的方针，采取行之有效的技术措施，达到规定要求，提高经济效益。

“质量第一”是我国社会主义现代化建设的重要方针之一，是质量控制的主导思想。测绘工程质量是国家建设各行各业得以实现的基本保证。测绘工程质量控制是确保测绘质量的一种有效方法。

（二）测绘工程质量控制的实施

1. 测绘生产质量控制的内容和要求

①坚持以预防为主，重点进行事前控制，防患于未然，把质量问题消除在萌芽状态；②既应坚持质量标准，严格检查，又应热情帮助促进；③测绘生产过程质量控制的工作范

围、深度、采用何种工作方式，应根据实际需要，结合测绘工程特点、测绘单位的能力和管理水平等因素，事先提出质量检查要求大纲，作为合同条件的组成内容，在测绘合同中明确规定；④在处理质量问题的过程中，应尊重事实，尊重科学，立场公正，谦虚谨慎，以理服人，做好协调工作。

2. 测绘人员的素质控制

人员的素质高低，直接影响产品的优劣。质量控制的重要任务之一就是推动测绘生产单位对参加测绘生产的各层次人员特别是专业人员进行培训。在分配上公正合理，并运用各种激励措施，调动广大人员的积极性，不断提高人员的素质，使质量控制系统有效地运行。在测绘生产人员素质控制方面，应主要抓三个环节。

（1）人员培训

人员培训的层次有领导者、测量技术人员、队（组）长、操作者的培训。培训重点是关键测量工艺和新技术、新工艺的实施，以及新的测量规范、测量技术操作规程的操作等。

（2）资格评定

应对特殊作业、工序、操作人员进行考核和必要的考试、评审，如对其技能进行评定，颁发相应的资格证书或证明，坚持持证上岗等。

（3）调动积极性

健全岗位责任制，改善劳动条件，建立合理的分配制度，坚持人尽其才、扬长避短的原则，以充分发挥人的积极性。

3. 测绘生产组织设计的质量控制

测绘生产组织设计包括两个层次：一是测绘项目比较复杂，需要编制测绘生产组织总设计。就质量控制而言，它是提出项目的质量目标以及质量控制，保证重点工程质量的方法与手段等。二是工程测绘生产组织设计。目前，测绘单位普遍予以编制。

4. 测绘仪器的质量控制

测绘仪器的选型要因地制宜，因工程制宜。按照技术先进、经济合理、使用方便、性能可靠、使用安全、操作和维修方便等原则选择相应的仪器设备。对于工程测量，应特别着重对电磁波测距仪、经纬仪、水准仪以及相应配套附件的选型。对于平面定位而言，一般选用性能良好、操作方便的电子全站仪和GPS仪器较为合适。对高程传递，一般选择水准仪或用三角高程方法的电子全站仪。对保证垂直度，一般选择激光铅直仪、激光扫平仪。对变形监测，应选择相应的水平位移及沉陷观测遥测系统。任何产品都必须有准产证、性能技术指标以及使用说明书。一般应立足国内，当然也不排除选择国外的合格产品。随着测绘技术的发展，为提高速度和效益，自动化观测系统日益受到重视。

仪器设备的主要技术参数要有保证。技术参数是选择机型的重要依据。对于工程测量而言，应首先依据合理限差要求，按照事先设计的施工测量方法和方案，结合场地的具体条件，按精度要求确定好相应的技术参数。在综合考虑价格、操作方便的前提下，确定好相应的测量设备。如果发现某些测量仪器在施工期间有质量问题，必须按规定进行检验、校正或维修，确保其自始至终的质量等级。

5. 施工测量控制网和施工测量放样的质量控制

施工测量的基本任务是按规定的精度和方法，将建筑物、构造物的平面位置和高程位置放样（或称测设）到实地。因此，施工测量的质量将直接影响到工程产品的综合质量和工程进度。此外，为工程建成后的管理、维修与扩建，应进行竣工测量和质量验收。为测定建筑物及其地基在建筑荷载及外力作用下随时间变化的情况，还应进行变形观测。在这里，主要介绍一下在施工测量工作中，对测量质量的监控内容。

（1）施工测量控制网

为保证施工放样的精度，应在建筑物场地建立施工控制网。施工控制网分为平面控制网和高程控制网。施工控制网的布设应根据设计总平面图和建筑物场地的地形条件确定。对于丘陵地区，一般用三角测量或三边测量方法建立。对于地面平坦而通视比较困难的地区，例如在扩建或改建的工业场地，则可采用导线网或建筑方格网的方法。在特殊情况下，根据需要也可布置一条或几条建筑轴线组成简单图形作为施工测量的控制网。现在已经用 GPS 技术建立平面测量控制网。不管何种施工控制网，在应用它进行实际放样前，必须对其进行复测，以确认点位和测量成果的一致性及使用的可靠性。

（2）工业与民用建筑施工放样

工业与民用建筑施工放样，应从设计总平面图中查得拟建建筑物与控制点间的关系尺寸及室内地平标高数据，取得放样数据和确定放样方法。平面位置检核放样方法一般有直角坐标法、极坐标法、角度交会法、距离交会法等，高程位置检核放样方法主要是水准测量方法。

放样内容要点是：房屋定位测量，基础施工测量，楼层轴线投测以及楼层之间高程传递。在高层楼房施工测量时，特别要严格控制垂直方向的偏差，使之达到设计要求。这可以用激光铅直仪方法或传递建筑轴线的方法加以控制。

（3）高层建筑施工测量

随着我国社会主义现代化建设的发展，像电视发射塔、高楼大厦、工业烟囱、高大水塔等高耸建筑物不断兴建。这类工程的特点是基础面小，主体高，施工必须严格控制中心位置，确保主体竖直垂准。这类施工测量工作的主要内容是：①建筑场地测量控制网（一般有田字形、圆形及辐射形控制网）；②中心位置放样；③基础施工放样；④主体结构平面及高程位置的控制；⑤主体建筑物竖直垂准质量的检查；⑥施工过程中外界因素（主要指日照）引起变形的测量检查。

（4）线路工程施工测量

线路工程包括铁路、公路、河道、输电线、管道等，施工测量复核工作大同小异，归纳起来有以下几项：①中线测量，主要内容有起点、转点、终点位置的检核；②纵向坡度及中间转点高度的测量；③地下管线、架空管线及多种管线会合处的竣工检核等。

（三）测绘产品质量管理与贯标的关系

1. 贯标

（1）贯标的概念

通常所说的贯标就是指贯彻ISO9001的关于质量管理体系的标准，其核心思想是以顾客为关注焦点，以顾客满意为唯一标准，通过发挥领导的作用，全员参与，运用过程方法和系统方法，持续改进工作的一种活动。加强贯标工作，是一个企业规避质量风险、品牌风险、市场风险的基础工作。

（2）测绘质量管理体系运行中有关注意事项

测绘生产单位只有切实、有效地按照ISO9000系列标准建立质量管理体系并持续运行，才能够通过贯标活动改进内部质量管理。因此，在体系运行中要抓好以下控制环节：①统一思想认识，尤其是领导层，树立“言必信，行必果”的工作作风；②党政工团组织发挥作用，协同工作，使全体人员具有浓厚的质量意识；③使每个人员明确其质量职责；④规定相应的奖惩制度；⑤协调内部质量工作，明确规定信息渠道。

2. 测绘质量监督管理办法

国家测绘局、国家技术监督局在联合发布的《测绘质量监督管理办法》中明确规定了测绘产品质量检验方法及质量评判规则；“测绘产品质量监督检查的主要方式为抽样检验，其工作程序和检验方法，按照《测绘产品质量监督检验管理办法》执行”。

测绘产品必须经过检查验收，质量合格的方能提供使用。检查验收和质量评定，执行《测绘产品检查验收规定》和《测绘产品质量评定标准》。

测绘产品质量检验有监督检验和委托检验两种不同类型，它们的区别主要表现在以下方面：①检验机构服务的主体不同。监督检验服务的主体是审批、下达监督检验计划的测绘主管部门和技术监督行政管理部门。委托检验服务的主体是用户或委托方。②检验根据不同。监督检验依据的是国家有关质量的法律，地方政府有关质量的法律、法规、规章，国民经济计划和强制性标准。委托检验依据的一般是供需双方合同约定的技术标准。③检验经费来源不同。监督检验所需费用一般由中央或地方财政拨款。委托检验费用则由生产成本列出。④取样母本不同。监督检验的样本母体是验收后的产品。委托检验的样本母体是生产单位最终检查后的产品。⑤责任大小不同。监督检验承检方须对批量产品质量结论负责，委托检验则根据抽样方式决定承检方责任大小。如果是委托方送样，承检方仅对来样的检验结论负责。若是承检方随机抽样，则应对批产品质量结论负责。⑥质量信息的作用不同。监督检验反馈的质量信息供政府宏观指导参考，奖优罚劣。委托检验的质量信息仅供委托方了解产品质量现状，以便采取应对措施。

上述区别，决定了产品质量监督检验和委托检验采用的质量检验方法和质量评判规则的不同。在市场经济体制下，测绘产品质量委托检验在质检机构的业务份额中占据的比重越来越大。质检机构在承检委托检验业务时的首项工作，就是确定检验技术依据，而采用何种检验技术依据，一般应由委托方提出。检验技术依据选择的正确与否，将直接关系到产品质量判定的准确性。因此，质检机构的检验工作都是在确立的检验技术依据的基础上进行的，如检验计划的制订、检验计划的实施以及产品质量的判定等。因此，正确地选用检验技术依据就显得尤为重要。

第三节 测绘工程的进度控制

一、概述

（一）进度控制的含义和目的

测绘工程项目进度控制是指参与测绘工程项目的各方对项目各阶段的工作内容、工作程序、持续时间和衔接关系编制计划，并将该计划付诸实施，在实施的过程中经常检查实际进度是否按计划要求进行，对出现的偏差分析原因，采取补救措施或调整、修改原计划，直至项目施测完成、测绘成果通过检查验收并交付使用。其最终目的就是确保项目进度目标的实现。测绘工程项目进度控制的总目标是项目工期。

进度控制是测绘工程项目实施过程中与质量控制、成本控制并列的三大目标之一，它们之间有相互依赖和相互制约的关系，因此，项目管理工作中要对三个目标全面系统地加以考虑，正确地处理好质量、成本和进度的关系，提高测绘企业的综合效益。

（二）进度控制的任务

1. 业主方进度控制的任务

业主方进度控制的任务，是根据测绘工程项目的总工期目标，控制整个项目实施阶段的进度，包括控制现有测绘资料准备的工作进度、项目技术设计方案的工作进度、现场施测进度、分阶段测绘成果质量检查工作进度等。

2. 项目技术设计进度控制的任务

项目技术设计进度控制的任务，是依据测绘项目委托合同及技术方案设计工作进度的要求来控制设计工作进度的，这是项目技术设计履行合同的义务。另外，项目技术设计应尽可能使项目技术设计工作的进度与施测和仪器设备准备等工作进度相协调。

3. 测绘项目施测方进度控制的任务

测绘项目施测方进度控制的任务，是依据测绘项目任务委托合同及施测进度的要求来控制项目施测进度，这是项目施测方履行合同的义务。在进度计划编制方面，项目施测方应视项目的特点和项目施测进度控制的需要，编制深度不同的控制性、指导性和实施性的施工进度计划，以及按不同计划周期（年度、季度、月度和旬）的施测计划等，将编制的各项计划付诸实施并控制其执行。

二、常用进度控制管理的方法

测绘工程项目进度管理是指项目管理者围绕目标工期要求编制的项目进度计划，在付诸实施的过程中经常检查计划的实际执行情况，分析进度偏差原因，并在此基础上不断调整、修改直至工程项目进度计划全过程的各项管理工作。

通过对影响项目进度的因素实施控制及协调、综合运用各种可行的方法、措施，将项目的计划工期控制在事先确定的范围之内，在兼顾成本和质量控制目标的同时，努力缩短工程项目的实际工期。

（一）测绘工程项目进度管理的具体含义

①测绘工程项目进度管理涵盖下列不同主体实施的进度管理活动：发包单位、测绘项目承包单位、测绘项目验收单位。②测绘工程项目进度管理要求将项目的合同工期作为其管理实施对象，而合同工期的基础是项目的外业施测、内业测图工期、竣工验收及归档。合同工期是指测绘项目从合同签订开始到测绘成果验收合格并交付使用的时间。外业施

测、内业测图工期是以测绘项目的工程量为计算对象，从测绘合同签订日算起到完成全部测绘工程项目所规定的内容，并达到国家验收标准为止所需要的全部日历天数。测绘企业在合同工期的基础上确定的目标工期是工程项目进度管理的控制标准。项目管理实践中，目标工期的确定通常取决于测绘项目承包企业所做出的如下选择：以预期利润标准确定目标工期，以费用、工期标准确定目标工期，以资源、工期标准确定目标工期。③测绘工程项目进度管理是以项目进度计划为管理中心，其本身体现为不断编制、执行、检查、分析和调整计划的动态循环过程。因此，在工程项目进度管理过程中，应始终遵循系统原理和动态原理的要求。④为了取得预期的管理实效，测绘工程项目进度管理要求密切结合不同的进度影响因素，充分协调项目实施过程中的各种关系。测绘工程项目的进度影响因素可按产生根源、引起理由等进行责任区分，并根据处理办法的不同作多种形式的分类。测绘工程项目进度管理中的关系协调，是指着眼于工程进度管理目标的实现而进行的各种人际关系、工作关系、资源关系和现场关系的有效协调。⑤作为一项牵涉面广的管理活动，工程项目进度管理要求综合运用各种行之有效的管理方法和措施。测绘工程项目进度管理的方法主要包括行政方法、经济方法和管理技术方法。测绘工程项目进度管理的措施主要包括组织措施、技术措施、合同措施、经济措施和信息管理措施。⑥测绘工程项目进度、质量、成本目标的对立统一关系是工程项目进度管理的实施基础，是提出与解决进度管理问题的出发点与最终归宿。因此，工程进度管理必须满足工程质量。成本目标约束条件要求做到“在兼顾质量、成本目标要求的同时，努力缩短项目工期”。

（二）进度控制的方法

1. 组织措施

①建立进度控制目标体系，明确工程现场组织机构中进度控制人员及其职责分工；②建立工程进度报告制度及进度信息沟通网络；③建立进度计划审核制度和进度计划实施中的检查分析制度；④建立进度协调会议制度，包括协调会议举行的时间、地点、协调会议的参加人员等。

2. 经济措施

经济措施是目标控制的必要措施，一项测绘工程项目的完成，归根结底是一项投资的实现，从项目的提出到项目的实现，始终贯穿着资金的筹集和使用工作。其措施包括：①测绘工程项目进度控制的经济措施涉及资金需求计划、资金供应的条件和经济激励措施等。②为确保进度目标的实现，应编制与进度计划相适应的资源需求计划（资源进度计划），包括资金需求计划和其他资源（人力和仪器设备资源）需求计划，以及反映项目实施的各时段所需要的资源。通过资源需求的分析，可发现所编制的进度计划实现的可能性。若资源条件不具备，则应调整进度计划。③资金供应条件包括可能的资金总供应量、资金来源（自有资金和外来资金）以及资金供应的时间。④在项目预算中应考虑加快项目进度所需要的资金，其中包括为实现进度目标将要采取的经济激励措施所需要的费用，例如对按期或提前完成目标的班组和个人给予一定的奖励，对没有完成任务的给予一定的处罚等。

3. 技术措施

技术措施是目标控制的必要措施，控制在很大程度上是要通过技术来解决问题，其措施包括：①涉及对实现进度目标有利的测绘方案设计技术和施测技术的选用。②不同的测绘技术方案会对项目进度产生不同的影响。在设计工作的前期，特别是在测绘技术设计方案选用时，应对设计技术与工程进度的关系作分析比较。在工程进度受阻时，应分析是否存在设计技术的影响因素，为实现进度目标有无技术设计方案变更的可能性。③项目施测方案对工程进度有直接的影响。在决策其选用时，不仅应分析技术的先进性和经济的合理性，还应考虑其对进度的影响。在项目进度受阻时，应分析是否存在施测技术的影响因素，为实现进度目标有无改变施测技术、施测方法和施测仪器设备的可能性。

4. 合同措施

①加强合同管理，协调合同工期与进度计划之间的关系，保证合同中进度目标的实现；②严格控制合同变更，对各方提出的工程变更，应严格审查后再补入合同文件之中；③加强风险管理，在合同中应充分考虑风险因素及其对进度的影响，以及相应的处理方法；④加强索赔管理，公正地处理索赔。

三、测绘工程进度计划实施中的监测与调整

（一）进度计划的编制与实施

测绘工程项目实施期间的进度计划编制是项目顺利达到预定目标的一个重要组成部分。所谓项目实施时期（可称为投资时期），是指从正式确定测绘项目（测绘合同的签订）到项目测绘成果验收合格这段时间。这一时期包括项目施测技术方案制订、资金筹集安排、施测准备、外业施测、内业测图、成果自查、项目成果验收等各个工作阶段。这些阶段的各项活动和各个工作环节，有些是相互影响、前后紧密衔接的，也有些是同时开

展、相互交叉进行的。因此，在可行性研究阶段，需要将项目实施时期各个阶段的各个工作环节进行统一规划、综合平衡，做出合理而又切实可行的安排。

1. 项目实施的各阶段

（1）建立项目实施管理机构

根据项目施测工期、项目标准等，安排专门技术人员成立项目实施管理机构，一般分为技术组、外业施测组、内业测图组、质量监督自查组等，实行项目负责制。

（2）项目施测技术方案制订

由项目技术组根据项目的合同工期、合同规定的项目成果标准、仪器设备的配备、技术人员的安排、不可避免的各种不可预见性影响因素等方面，制订出切实可行的项目施测技术方案，并确定项目的预期工期。

（3）资金筹集安排

项目资金的落实包括：总投资费用（固定资产投资和流动资金）的估算基本符合要求，资金来源有充分的保证。在项目进度计划编制阶段要编制费用估算，并在考虑了各种可行性的资金渠道情况下，提出适宜的资金筹措规划方案。在正式确定测绘项目和明确总投资费用及其分阶段使用计划之后，即可立即着手筹集资金。

（4）施测准备

施测准备主要包括技术人员的培训、项目现场资料的整理、测区的划分、外业施测人员的现场生活安排和测绘仪器设备及辅助材料的检定等。

（5）外业施测、内业测图

外业施测工作包括：现场实地数据的采集和数据成图工作，外业施测工作完成后要进行现场自查工作，查漏补缺，并形成外业施测人员的自查报告。

根据外业施测成果、本次测绘项目的技术要求及标准，对测绘成果进行内业测图、整理，形成规范的测绘成果。

这两项工作可以分阶段同时进行，以有效地缩短工期。

（6）成果自查

项目质量监督自查组根据规范和本次测绘项目的技术要求及标准对形成的初步测绘成果进行全面的质量检查，形成检查报告和整改报告，最终形成项目的全部成果资料。这项工作也可分阶段与外业施测、内业测图这两项工作同时进行。

（7）项目成果验收

把全部成果在规定的时间内交甲方验收。

2. 测绘项目进度计划的编制

(1) 测绘项目进度管理的计划系统

测绘项目进度计划是测绘项目进度管理始终围绕的核心。因此，事先编制各种相关进度计划便成为测绘项目进度管理工作的首要环节。按管理主体的不同，工程项目进度计划可分为业主单位及项目施测单位等不同主体所编制的不同种类计划。这些计划既互相区别又互有联系，从而构成了测绘项目进度管理的计划系统，其作用是从不同的层次和方面共同保证工程项目进度管理总体目标的顺利实现。

(2) 测绘项目进度计划的编制方法

编制测绘项目进度计划一般可借助于两种方式，即文字说明和进度计划图表。常用的进度计划图表有下述四种：

①横道图

横道图又称甘特图，是应用广泛的进度表达方式。横道图的左侧通常垂直向下依次排列测绘项目的各项工作名称，在与之紧邻的右边时间进度表中，逐项绘制横道线，从而使每项工作的起止时间均可由横道线的两个端点来表示。

这种表达方式直观易懂，易被接受，可形成进度计划与资源资金使用计划及其各种组合，使用方便。但是，横道图进度计划表示也存在一些问题，如不能明确表达测绘项目各项工作之间的各种逻辑关系；不能表示影响计划工期的关键工作；不便于进行计划的各种时间参数计算；不便于进行计划的优化、调整。

鉴于上述特点中的不足之处，横道图一般适用于简单、粗略的进度计划编制，或作为网络计划分析结果的输出形式。

②斜线图

斜线图是将横道图中的水平工作进度线改绘为斜线，在图左侧纵向依次排列各项目工作活动所处的不同空间位置，在图右侧时间进度表中，斜向画出代表各种不同活动的工作进度直线，是一种与横道图含义类似的进度图表。

斜线图一般仅用于表达流水施工组织方式的进度计划安排。用这种方式可明确表达不同施测过程之间的分段流水、搭接施测情况，并能直观反映相邻两施测过程之间的流水步距。同时，工作进度直线斜率可形象表示活动的进展速率。但是，斜线图进度表示同样存在一些类同横道图的问题。

③线型图

线型图是利用二维直角坐标系中的直线、折线或曲线来表示完成一项工作所需时间，或在一定时间内所完成工程量的一种进度计划表达方式。一般分为时间-距离图和时间-速度图等不同形式。

用线型图表示工程项目进度计划，概括性强，效果直观。但是，线型图绘图操作较困难，用线型图表示进度易产生阅读不便问题。

④网络图

网络图是利用箭头和节点所组成的有向、有序的网状图形来表示总体工程任务各项工作流程或系统安排的一种进度计划表达方式。

用网络图编制工程项目进度计划，其特点是：能正确表达各工作之间相互作用、相互依存的关系。通过网络分析计算，能够确定哪些工作是不容延误必须按时完成的关键工作，哪些工作则被允许有机动时间以及有多少机动时间，从而使计划管理者充分掌握工程进度控制的主动权，能够进行计划方案的优化和比较，选择优化方案，能够运用计算机手段实施辅助计划管理。

3. 测绘项目进度计划的实施

测绘项目进度计划的实施就是具体施测活动的进展，也就是用项目进度计划指导施测活动的落实和完成。测绘项目进度计划逐步实施的进程是测绘项目的逐步完成过程。为了保证测绘项目进度计划的实施，保证各进度目标的实现，应做好下面的工作。

（1）测绘项目进度计划的贯彻

检查各层次的计划，形成严密的计划保证系统。测绘项目的所有施测进度计划（施测总进度计划、分部分项工程施测进度计划等），都是围绕一个总任务而编制的，高层次的计划为低层次计划的依据，低层次计划是高层次计划的具体化。在其贯彻执行时应当首先检查是否协调一致，计划目标是否层层分解、互相衔接，应组成一个计划实施的保证体系，以施测任务书的方式下达施测班组，以保证实施。

层层下达施测任务书。施测项目负责人和作业班组之间分别签订施测任务计划，按计划目标明确规定施测工期和承担的经济责任、权限和利益。或者采用下达施测任务书的方式，将作业下达到施测班组，明确具体施测任务、技术措施、质量要求等内容，使施测班组保证按作业计划时间完成规定的任务。

计划全面交底，发动群众实施计划。项目进度计划的实施是全体工作人员的共同行动，要使有关人员都明确各项计划的目标、任务、实施方案和措施，使管理层和作业层协调一致，将计划变成群众的自觉行动，充分发动群众，发挥群众的干劲和创造精神。在计划实施前要进行计划交底工作，可以根据计划的范围召开职工代表会议或各级生产会议进行交底落实。

（2）测绘项目进度计划实施

编制月（旬）作业计划。为了实施项目进度计划，将规定的任务结合现场施测条件，如测区的自然地理情况、测区作业复杂程度、施测人员技术状况、仪器设备等资源条件和施测的实际情况，在施测开始前和过程中不断地编制本月（旬）的作业计划，使得项目计划更具体、切合实际和可行。在月（旬）计划中要明确本月（旬）应完成的任务、所需要的各种资源量、提高劳动生产率及节约的措施等。

签发施测任务书。编制好月（旬）作业计划以后，将每项具体任务通过签发施测任务书的方式使其进一步落实。施测任务书是向班组下达任务，实行责任承包、全面管理的综合性文件。施测班组必须保证指令任务的完成。它是计划和实施的纽带。

做好施测进度记录。填好施测进度统计表，在计划任务完成的过程中，各施测进度计划的执行者都要做好施测记录，记载计划中的每项工作的开始日期、工作进度和完成日期，为测绘项目进度检查分析提供信息。因此，要求实事求是记载，并填好有关图表。

做好施测过程中的调度工作。施测过程中的调度是组织施测过程中的各阶段、环节、专业的互相配合、进度协调的指挥核心。调度工作是使项目进度计划实施顺利进行的重要手段。其主要任务是：掌握计划实施情况，协调各方面关系，排除各种矛盾，加强各薄弱环节，实现动态平衡，保证完成作业计划和实现进度目标。

调度工作内容主要有：监督作业计划的实施、调整与协调各方面的进度关系。监督检查施测准备工作，督促资源供应单位按计划供应劳动力、仪器设备、其他辅助工具等，并对临时出现的问题采取调配措施，按施测技术方案管理各个施测班组，结合实际情况进行必要调整。及时发现和处理施测过程中的各种事故和意外事件。定期召开现场调度会议，贯彻项目主管人员的决策，发布调度令。

（二）测绘项目进度计划的检查

在测绘项目的施测进程中，为了进行进度控制，进度控制人员应经常、定期地跟踪检查施测实际进度情况，主要是收集施测项目进度材料，进行统计整理和对比分析，确定实际进度与计划进度之间的关系，其主要工作有下述四个方面。

1. 跟踪检查施测实际进度

跟踪检查施测实际进度是测绘项目进度控制的关键措施，其目的是收集实际施测进度的有关数据。跟踪检查的时间和收集数据的质量，直接影响控制工作的质量和效果。

一般检查的时间间隔与测绘项目的类型、规模、施测条件和对进度执行要求程度有关。通常可以确定每月、半月、旬或周进行一次。若在施测过程中遇到天气、资源供应等不利因素的严重影响，检查的时间间隔可临时缩短，次数应频繁，甚至可以每日进行检查，或派人员驻现场督阵。检查和收集资料的方式一般采用进度报表方式或定期召开进度工作汇报会。为了保证汇报资料的准确性，进度控制的工作人员要经常到现场查看施测项目的实际进度情况，从而保证准确掌握测绘项目的实际进度。

2. 整理统计检查数据

对收集到的测绘项目实际进度数据进行必要的整理和按计划控制的工作项目进行统计，形成与计划进度具有可比性的数据以及形象进度。一般可以按施测工程量、工作量和劳动消耗量以及累计百分比整理和统计实际检查的数据，以便与相应的计划完成量相对比。

3. 对比实际进度与计划进度

将收集的资料整理和统计成具有与计划进度可比性的数据后，对测绘项目实际进度与计划进度进行比较。通过比较得出实际进度与计划进度相一致、超前、拖后三种情况。

4. 施工项目进度检查结果的处理

对于施工项目进度检查的结果，须按照检查报告制度的规定，形成进度控制报告并向有关主管人员和部门汇报。

进度控制报告是把检查比较的结果，有关施测进度的现状和发展趋势，提供给项目负责人及各级业务职能负责人的最简单的书面形式报告。

进度控制报告是根据报告的对象不同，确定不同的编制范围和内容而分别编写的。一般分为项目概要级进度控制报告、项目管理级进度控制报告和业务管理级进度控制报告。

项目概要级的进度报告是报给项目负责人、企业负责人或业务部门以及业主单位。它是以整个测绘项目为对象说明进度计划执行情况的报告。

项目管理级的进度报告是报给项目负责人及企业的业务部门的。它是以单位工程或项目分区为对象说明进度计划执行情况的报告。

业务管理级的进度报告是就某个重点部位或重点分项项目为对象编写的报告，供项目管理者及各业务部门为其采取应急措施而使用的。

进度报告由计划负责人或进度管理人员与其他项目管理人员协作编写。报告时间一般与进度检查时间相协调，也可按月、旬、周等检查时间进行编写上报。

进度控制报告的内容主要包括：项目实施概况、管理概况、进度概要，项目施测进度、检查进度及简要说明，施测技术方案提供进度，作业技术人员、仪器设备、其他辅助工具供应进度，劳务记录及预测，日历计划等。

（三）进度计划的调整方法

测绘项目进度计划的调整，一般主要有以下两种方法。

1. 改变某些工作间的逻辑关系

若实际施测进度产生的偏差影响了总工期，在工作之间的逻辑关系允许改变的条件下，可以采取改变关键线路和非关键线路上的有关工作之间的逻辑关系，达到缩短工期的目的，用这种方法调整的效果是很显著的。譬如，可以把依次进行的有关工作改为平行的或互相搭接的方式，可以达到缩短工期的目的。

某地籍调查项目，在进度检查过程中发现权属调查的进度与项目进度计划产生了偏差，从而进一步影响了项目外业测绘的进度计划，这两者之间是依次进行的工作关系。调整的方法可以是把这两项工作改为互相搭接的工作关系，即把外业施测和权属调查错开并同时进行。如测区内划分为若干个作业区，在一个作业区，外业班组施测完成后，权属调查作业班组进行工作的同时，外业施测班组同时进行下一个作业区的施测工作，这样可以很明显地达到缩短工期的目的。

2. 缩短某些工作的持续时间

这种方法是不改变工作之间的逻辑关系，而是通过缩短某些工作的持续时间，使项目进度加快实现计划工期的方法。这些被压缩持续时间的工作是位于由于实际工作进度的拖延而引起总工期增长的关键线路和某些非关键线路上的工作。同时，这些工作又是可压缩持续时间的工作。

缩短某些工作的持续时间，一般会改变资源（人力、设备）和费用的投入，增大资源、费用投入的概率。

第四节　测绘工程的合同管理

一、测绘工程合同

《民法典合同编 第三编 合同》规定：合同是平等主体的自然人、法人、其他组织之间设立、变更、终止民事权利义务关系的协议。

（一）合同的基本原则

根据《民法典合同编 第三编 合同》规定，订立合同应遵循以下基本原则。

1. 当事人法律地位平等

根据《民法典合同编 第三编 合同》规定，合同当事人的法律地位平等，一方不得将自己的意志强加给另一方。也就是说，合同当事人，在权利义务对等的基础上，经充分协商达成一致，以实现互利互惠的经济利益目的。

2. 自愿的原则

根据《民法典合同编 第三编 合同》规定，当事人依法享有自愿订立合同的权利，任何单位和个人不得非法干预。也就是说，合同当事人通过协商，自愿决定和调整相互权利义务关系。自愿原则贯彻合同活动的全过程，包括：订不订立合同自愿，与谁订合同自愿，合同内容由当事人在不违法的情况下自愿约定，双方也可以协议解除合同，在发生争议时当事人可以自愿选择解决争议的方式。

当然，自愿也不是绝对的，不是想怎样就怎样，当事人订立合同、履行合同，应当遵守法律、行政法规，尊重社会公德，不得扰乱社会经济秩序，损害社会公共利益。

3. 公平的原则

根据《民法典合同编 第三编 合同》规定，当事人应当遵循公平原则确定各方的权利和义务。公平原则要求合同双方当事人之间的权利义务要公平合理，要大体上平衡，强调一方给付与对方给付之间的等值性，合同上的负担和风险的合理分配。具体包括：第一，在订立合同时，要根据公平原则确定双方的权利和义务，不得滥用权力，不得欺诈，不得假借订立合同恶意进行磋商；第二，根据公平原则确定风险的合理分配；第三，根据公平原则确定违约责任。

4. 诚实信用的原则

根据《民法典合同编 第三编 合同》规定，当事人行使权利、履行义务应当遵循诚实信用原则。诚实信用原则要求当事人在订立、履行合同，以及合同终止后的全过程中，都要诚实、讲信用、相互协作。诚实信用原则具体包括：第一，在订立合同时，不得有欺诈或其他违背诚实信用的行为；第二，在履行合同义务时，当事人应当遵循诚实信用的原则，根据合同的性质、目的和交易习惯履行及时通知、协助、提供必要的条件、防止损失扩大、保密等义务；第三，合同终止后，当事人也应当遵循诚实信用的原则，根据交易习惯履行通知、协助、保密等义务，称为后契约义务。

5. 遵守法律和不得损害社会公共利益的原则

根据《民法典合同编 第三编 合同》规定，当事人订立、履行合同，应当遵守法律、行政法规/尊重社会公德，不得扰乱社会经济秩序，损害社会公共利益。合同不仅是当事人之间的问题，有时可能涉及社会公共利益和社会公德，涉及维护经济秩序，合同当事人的意思应当在法律允许的范围内表示，不是想怎么样就怎么样。必须遵守法律以保证交易在遵守公共秩序和善良风俗的前提下进行，使市场经济有一个健康、正常的道德秩序和法律秩序。

6. 合同效力

根据《民法典合同编 第三编 合同》规定，依法成立的合同，对当事人具有法律约束力。当事人应当按照约定履行自己的义务，不得擅自变更或者解除合同。依法成立的合同受法律保护。所谓法律约束力，就是说，当事人应当按照合同的约定履行自己的义务，非依法律规定或者取得对方同意，不得擅自变更或解除合同。如果不履行合同义务或者履行合同义务不符合约定，就要承担违约责任。

依法成立的合同受法律保护。所谓受法律保护，就是说，如果一方当事人未取得对方当事人同意，擅自变更或者解除合同，不履行合同义务或者履行合同义务不符合约定，从而使对方当事人的权益受到损害，受损害方向人民法院起诉要求维护自己的权益时，法院就要依法维护，对于擅自变更或者解除合同的一方当事人强制其履行合同义务并承担违约责任。

（二）合同的订立

1. 合同当事人的主体资格

《民法典合同编 第三编 合同》规定："当事人订立合同，应当具有相应的民事权利能力和民事行为能力。当事人依法可以委托代理人订立合同。"

①合同当事人的民事权利能力和民事行为能力。《民法典合同编 第三编 合同》的上述条款明确规定，作为合同当事人的自然人、法人和其他组织应当具有相应的主体资格——民事权利能力和民事行为能力。②合同当事人。自然人、法人、其他组织。③委托代理人订立合同。法律规定，当事人在订立合同时，由于主观或客观的原因，不能由法人的法定代表人、其他组织的负责人亲自签订时，可以依法委托代理人订立合同。代理人代理授权人、委托人签订合同时，应向第三人出示授权人签发的授权委托书，并在授权委托书写明的授权范围内订立合同。

2. 合同的形式和内容

（1）合同的形式

合同的形式，是指合同当事人双方对合同的内容、条款经过协商，做出共同的意思表示的具体方式。

《民法典合同编 第三编 合同》规定：“当事人订立合同，有书面形式、口头形式和其他形式。法律、行政法规规定采用书面形式的，应当采用书面形式。当事人约定采用书面形式的，应当采用书面形式。”

《民法典合同编 第三编 合同》规定：“法律、行政法规规定或者当事人约定采用书面形式订立合同，当事人未采用书面形式但一方已经履行主要义务，对方接受的，该合同成立。”

《民法典合同编 第三编 合同》规定：“书面形式是指合同书、信件和数据电文（包括电报、电传、传真、电子数据交换和电子邮件）等可以有形地表现所载内容的形式。”

（2）合同的内容

关于合同一般条款的法理解释如下：

①当事人的名称或者姓名，住所

当事人的名称或者姓名，是指法人和其他组织的名称；住所是指它们的主要办事机构所在地。

②标的

标的是指合同当事人双方权利和义务共同指向的事物，即合同法律关系的客体。标的可以是货物、劳务、工程项目或者货币等。依据合同种类的不同，合同的标的也各有不同。例如，买卖合同的标的是货物；建筑工程合同的标的是建设工程项目；货物运输合同的标的是运输劳务；借款合同的标的是货币；委托合同的标的是委托人委托受托人处理委托事务等。标的是合同的核心，它是合同当事人权利和义务的焦点。尽管当事人双方签订合同的主观意向各有不同，但最后必须集中在一个标的上。因此，当事人双方签订合同时，首先要明确合同的标的，没有标的或者标的不明确，必然会导致合同无法履行，甚至产生纠纷。例如，某养鱼专业户采购“种鱼”时，在合同标的条款栏中，把“亲鱼”误写成“青鱼”而引起诉讼。

③数量

数量是计算标的的尺度。它把标的定量化，以便确立合同当事人之间的权利和义务的量化指标，从而计算价款或报酬。1984 年 2 月 27 日，国务院颁布了《关于在我国统一实行法定计量单位的命令》。根据该命令的规定，签订合同时，必须使用国家法定计量单位，做到计量标准化、规范化。如果计量单位不统一，一方面会降低工作效率，另一方面也会因发生误解而引起纠纷。

④质量

质量是标的物内在特殊物质属性和一定的社会属性，是标的物物质性质差异的具体特征。它是标的物价值和使用价值的集中表现，并决定着标的物的经济效益和社会效益，还直接关系到生产的安全和人身的健康等。因此，当事人签订合同时，必须对标的物的质量做出明确的规定。标的物的质量，有国家标准的按国家标准签订；没有国家标准而有行业标准的，按行业标准签订，或者有地方标准的按地方标准签订。如果标的物是没有上述标准的新产品，可按企业新产品鉴定的标准（如产品说明书、合格证载明的），写明相应的质量标准。

⑤价款或者报酬

价款通常是指当事人一方为取得对方出让的标的物，而支付给对方一定数额的货币。报酬，通常是指当事人一方为对方提供劳务、服务等，从而向对方收取一定数额的货币报酬。在建立社会主义市场经济过程中，当事人签订合同时，应接受有关部门的监督，不得违反有关规定，扰乱社会经济秩序。

⑥履行期限、地点和方式

履行期限是指当事人交付标的和支付价款或报酬的日期，也就是依据合同的约定，权利人要求义务人履行的请求权发生的时间。合同的履行期限是一项重要条款，当事人必须写明具体的履行起止日期，避免因履行期限不明确而产生纠纷。倘若合同当事人在合同中没有约定履行期限，只能按照有关规定处理。

履行地点是指当事人交付标的和支付价款或报酬的地点。它包括标的的交付、提取地点，服务、劳务或工程项目建设的地点，价款或报酬结算的地点等。合同履行地点也是一项重要条款，它不仅关系到当事人实现权利和承担义务的发生地，还关系到人民法院受理合同纠纷案件的管辖地问题。因此，合同当事人双方签订合同时，必须将履行地点写明，并且要写得具体、准确，以免发生差错而引起纠纷。

履行方式是指合同当事人双方约定以哪种方式转移标的物和结算价款。履行方式应视所签订合同的类别而定。例如，买卖货物、提供服务、完成工作合同，其履行方式均有所不同，此外，在某些合同中还应当写明包装、结算等方式，以利于合同的完善履行。

⑦违约责任

违约责任是指合同当事人约定一方或双方不履行或不完全履行合同义务时，必须承担的法律责任。违约责任包括支付违约金、赔偿金以及发生意外事故的处理等其他责任。法律有规定责任范围的按规定处理；法律没有规定责任范围的，由当事人双方协商议定办理。

⑧解决争议的方法

解决争议的方法是指合同当事人选择解决合同纠纷的方式、地点等。根据我国法律的有关规定，当事人解决合同争议时，实行“或仲裁或审判”，即当事人可以在合同中约定选择仲裁机构或人民法院解决争议；当事人可以就仲裁机构或诉讼的管辖机关的地点进行议定选择。当事人如果在合同中既没有约定仲裁条款，事后又没有达成新的仲裁协议，那么当事人只能通过诉讼的途径解决合同纠纷，因为起诉权是当事人的法定权。

（三）合同示范文本与格式条款合同

1. 合同示范文本

《民法典合同编 第三编 合同》规定：“当事人可以参照各类合同的示范文本订立合同。”合同示范文本是指由一定机关事先拟定的对当事人订立相关合同起示范作用的合同文本。此类合同文本中的合同条款有些内容是拟定好的，有些内容是没有拟定需要当事人双方协商一致填写的。合同的示范文本只供当事人订立合同时参考使用，因此合同示范文本与格式条款合同不同。

2. 格式条款合同

格式条款合同是指合同当事人（如某些垄断性企业）为了重复使用而事先拟定出一定格式的文本。文本中的合同条款在未与另一方协商一致的前提下已经确定且不可更改。

《民法典合同编 第三编 合同》为了维护公平原则，确保格式条款合同文本中相对人的合法权益，格式条款合同做了专门的限制性规定。

第一，采用格式条款订立合同的，提供格式条款的一方应当遵循公平原则确定当事人之间的权利和义务，并采取合理的方式提请对方注意免除或者限制其责任的条款，按照对方的要求，对该条款予以说明。

第二，格式条款合同中具有《民法典合同编 第三编 合同》规定情形的，或者提供格式条款一方免除其责任、加重对方责任、排除对方主要权利的，该条款无效。

第三，对格式条款的理解发生争议的，应当按照通常理解予以解释。对格式条款有两种以上解释的，应当做出不利于提供格式条款一方的解释。格式条款和非格式条款不一致的，应当采用非格式条款。

（四）合同的效力

1. 合同无效

（1）合同无效的概念

合同无效，指虽经合同当事人协商订立，但引起不具备或违反了法定条件，国家法律规定不承认其效力的合同。

（2）《民法典合同编 第三编 合同》关于无效合同的法律规定

《民法典合同编 第三编 合同》规定："有下列情形之一的，合同无效：①一方以欺诈、胁迫的手段订立合同，损害国家利益；②恶意串通，损害国家、集体或者第三人利益；③以合法形式掩盖非法目的；④损害社会公共利益；⑤违反法律、行政法规的强制性规定。"

2. 当事人请求人民法院或仲裁机构变更或撤销的合同

（1）当事人依法请求变更或撤销的合同的概念

当事人依法请求变更或撤销的合同，是指合同当事人订立的合同欠缺生效条件时，一方当事人可以依照自己的意思，请求人民法院或仲裁机构做出裁定，从而使合同的内容变更或者使合同的效力归于消灭的合同。

（2）可变更或可撤销的合同的法律规定

《民法典合同编 第三编 合同》规定：下列合同，当事人一方有权请求人民法院或者仲裁机构变更或者撤销：①因重大误解订立的；②在订立合同时显失公平的。一方以欺诈、胁迫的手段或者乘人之危，使对方在违背真实意思的情况下订立的合同，受损害方有权请求人民法院或者仲裁机构变更或者撤销。当事人请求变更的，人民法院或者仲裁机构不得撤销。

3. 无效的合同或被撤销的合同的法律效力

无效的合同或被撤销的合同的法律效力问题是《民法典合同编 第三编 合同》中第三章合同的效力的重要内容，当事人订立的合同被确认无效或者被撤销后，并不表明当事人的权利和义务的全部结束。

（1）合同自始无效和部分无效

《民法典合同编 第三编 合同》规定："无效的合同或者被撤销的合同自始没有法律约束力。合同部分无效，不影响其他部分效力的，其他部分仍然有效。"

①自始无效，是指合同一旦被确认为无效或者被撤销，即将产生溯及力，使合同从订立时起即不具有法律约束力；②合同部分无效，是指合同的部分内容无效，即无效或者被撤销而宣告无效的只涉及合同的部分内容，合同的其他部分仍然有效。

（2）合同无效、被撤销或者终止时，有关解决争议的条款的效力

《民法典合同编 第三编 合同》规定："合同无效、被撤销或者终止时，不影响合同中独立存在的有关解决争议方法的条款的效力。"依照此项法条的规定，合同中关于解决争议的方法条款的效力具有相对的独立性，因此不受合同无效、变更或者终止的影响。也

即合同无效、合同变更或者合同终止并不必然导致合同中解决争议方法的条款无效、变更、终止。

（五）合同的履行

依照《民法典合同编 第三编 合同》的规定，合同当事人履行合同时，应遵循以下原则。

1. 全面、适当履行的原则

全面、适当履行，是指合同当事人双方应当按照合同约定全面履行自己的义务，包括履行义务的主体、标的、数量、质量、价款或者报酬以及履行的方式、地点、期限等，都应当按照合同的约定全面履行。

2. 遵循诚实信用的原则

诚实信用原则，是《民法典合同编 第三编 合同》的一项十分重要的原则，它贯穿于合同的订立、履行、变更、终止等全过程。因此，当事人在订立合同时，要讲诚信、要守信用、要善意，当事人双方要互相协作，合同才能圆满地履行。

3. 公平合理，促进合同履行的原则

合同当事人双方自订立合同起，直到合同的履行、变更、转让以及发生争议时对纠纷的解决，都应当依据公平合理的原则，按照《民法典合同编 第三编 合同》的规定，根据合同的性质、目的和交易习惯，善意地履行通知、协助、保密等义务。

4. 当事人一方不得擅自变更合同的原则

合同依法成立，即具有法律约束力，因此，合同当事人任何一方均不得擅自变更合同。《民法典合同编 第三编 合同》在若干条款中根据不同的情况对合同的变更分别作了专门的规定。这些规定更加完善了我国的合同法律制度，并有利于促进我国社会主义市场经济的发展和保护合同当事人的合法权益。

（六）违约责任

1. 当事人违约及违约责任的形式

（1）违约责任的法律规定

《民法典合同编 第三编 合同》规定：“当事人一方不履行合同义务或者履行合同义务不符合约定的，应当承担继续履行、采取补救措施或者赔偿损失等违约责任。”

依照《民法典合同编 第三编 合同》的上述规定，当事人不履行合同义务或履行合同义务不符合约定时，就要承担违约责任。此项规定确立了对违约责任实行“严格责任原则”，只有不可抗力的原因方可免责。至于缔约过失、无效合同或可撤销合同，则采取过错责任，《民法典合同编 第三编 合同》分则中特别规定了过错责任的，实行过错责任原则。

（2）当事人承担违约责任的形式

①继续履行合同，是指违反合同的当事人不论是否已经承担赔偿金或者违约金责任，都必须根据对方的要求，在自己能够履行的条件下，对原合同未履行的部分继续履行；②采取补救措施，是指在违反合同的事实发生后，为防止损失发生或者扩大，而由违反合同行为人采取修理、重作、更换等措施；③赔偿损失，指当事人一方违反合同造成对方损失时，应以其相应价值的财产予以补偿，赔偿损失应以实际损失为依据。

2. 当事人未支付价款或者报酬的违约责任

《民法典合同编 第三编 合同》规定："当事人一方未支付价款或者报酬的，对方可以要求其支付价款或者报酬。"

当事人承担违约责任的具体形式如下：支付价款或报酬是以给付货币形式履行的债务，民法上称之为金钱债务。对于金钱债务的违约责任，一是债权人有权请求债务人履行债务，即继续履行；二是债权人可以要求债务人支付违约金或逾期利息。例如，工程承包合同中，拖欠工程支付和结算的违约责任。

3. 当事人违反质量约定的违约责任

《民法典合同编 第三编 合同》规定："质量不符合约定的，应当按照当事人的约定承担违约责任。对违约责任没有约定的或者约定不明确，依照本法第六十一条规定仍不能确定的，受损害方根据标的性质以及损失的大小，可以合理选择要求对方承担修理、更换、重作、退货、减少价格或者报酬等违约责任。"

4. 当事人一方违约给对方造成其他损失的法律责任

《民法典合同编 第三编 合同》规定："当事人一方不履行合同义务或者履行合同义务不符合约定的，在履行义务或者采取补救措施后，对方还有其他损失的，应当赔偿损失。"

上述法条规定，债务人不履行或不适当履行合同，在继续履行或者采取补救措施后，仍给债权人造成损失时，债务人应承担赔偿责任。

5. 当事人违约承担责任的赔偿额

《民法典合同编 第三编 合同》规定："当事人一方不履行合同义务或者履行合同义务不符合约定，给对方造成损失的，损失赔偿额应当相当于因违约所造成的损失，包括合同履行后可以获得的利益，但不得超过违反合同一方订立合同时预见到或者应当预见到的因违反合同可能造成的损失。"

6. 违约金及赔偿金

《民法典合同编 第三编 合同》规定："当事人可以约定一方违约时应当根据违约情况向对方支付一定数额的违约金，也可以约定因违约产生的损失赔偿额的计算方法。约定的违约金低于造成的损失的，当事人可以请求人民法院或者仲裁机构予以增加；约定的违约金过分高于造成的损失的，当事人可以请求人民法院或者仲裁机构予以适当减少。"

（七）解决合同争议的方式

合同当事人之间发生争议，有时是难免的。如果争议发生了，当事人之间首先应当依据公平合理和诚实信用的原则，本着互谅互让的精神，进行自愿协商解决争议，或者通过调解解决纠纷。如果当事人不愿和解、调解或者和解、调解不成的，可以依据"或裁或审制"的规定，请求仲裁机构仲裁，或者向人民法院起诉，以求裁判彼此之间的纠纷。

《民法典合同编 第三编 合同》规定："当事人可以通过和解或者调解解决合同争议。当事人不愿和解、调解或者和解、调解不成的，可以根据仲裁协议向仲裁机构申请仲裁。涉外合同的当事人可以根据仲裁协议向中国仲裁机构或者其他仲裁机构申请仲裁。当事人没有订立仲裁协议或者仲裁协议无效的，可以向人民法院起诉。当事人应当履行发生法律效力的裁决、仲裁裁决、调解书；拒不履行的，对方可以请求人民法院执行。"

二、测绘合同管理的内容与方法

（一）测绘合同内容

按照《民法典合同编 第三编 合同》规定，合同是平等主体的自然人、法人、其他组织之间设立、变更、终止民事权利义务关系的协议，所以，测绘合同的制定应在平等协商的基础上来对合同的各项条款进行规约，应当遵循公平原则来确定各方的权利和义务，并且必须遵守国家的相关法律和法规。

按照《民法典合同编 第三编 合同》规定，合同的内容由当事人约定，一般应包括以下条款：当事人的名称或者姓名和住所、标的、数量、质量、价款或者报酬、履行期限、地点和方式、违约责任、解决争议的方法。当事人可以参照各类合同的示范文本（如国家测绘局发布的《测绘合同示范文本》等）订立合同，也可以在遵守合同法的基础上由双方协商去制定相应的合同。测绘项目的完成一般需要项目委托方和项目承揽方共同协作来完成。在项目实施过程中存在多种不确定因素，所以测绘合同的订立又和一般的技术服务合同有所区别，特别是在有关合同标的（包括测绘范围、数量、质量等方面）的约定上，以及报酬和履约期限等约定上，一定要根据具体的项目及相关条件（技术及其他约束条件）来进行约定，以保证合同能够被正常执行，同时，也有利于保证合同双方的权益。

鉴于测绘项目种类繁多，其规模、工期及质量要求存在较大差异，所以合同的订立也存在一定的差异，合同内容自然也不尽相同。为不失一般性，这里将仅对测绘合同中较为重要的内容（或合同条款）进行较详细的描述。

1. 测绘范围

测绘项目有别于其他工程项目，它是针对特定的地理位置和空间范围展开的工作，所以在测绘合同中，首先必须明确该测绘项目所涉及的工作地点、具体的地理位置、测区边界和所覆盖的测区面积等内容。这同时也是合同标的的重要内容之一，测绘范围、测绘内容和测绘技术依据及质量标准构成了对测绘合同标的的完整描述。对于测绘范围，尤其是测区边界，必须有明确的、较为精细的界定，因为它是项目完工和项目验收的一个重要参考依据。测区边界可以用自然地物或人工地物的边界线来描述，如测区范围东边至××河，西至××公路，北至××山脚，南至××单位围墙；也可以由委托方在小比例尺地图上以标定测区范围的概略地理坐标来确定，如测区范围地理位置为东经105°45′~105°56′，北纬32°22′~32°30′。

2. 测绘内容

合同中的测绘内容是直接规约受托方所必须完成的实际测绘任务，它不仅包括所需开展的测绘任务种类，还必须包括具体应完成任务的数量（或大致数量），即明确界定本项目所涉及的具体测绘任务，以及必须完成的工作量，测绘内容也是合同标的的重要内容之一。测绘内容必须用准确简洁的语言加以描述，明确地逐一罗列出所需完成的任务及需提交的测绘成果等级、数量及质量，这些内容也是项目验收及成果移交的重要依据。例如，某测绘合同为某市委托某测绘单位完成该市的控制测量任务，其测绘内容包括：①城市四等GPS测量约60点；②三等水准测量约80 km；③一级导线测量约80 km；④四等水准测量约120 km；⑤五级交会测量1~2点。城市四等GPS网点和三等水准网点属××市城市平面、高程基础（首级）控制网，控制面积约120km；一级导线网点和四等水准网属××市城市平面、高程加密控制网，控制面积约30 km。

3. 技术依据和质量标准

和一般的技术服务合同不同，测绘项目的实施过程和所提交的测绘成果必须按照国家的相关技术规范（或规程）来执行，须依据这些规范及规程来完成测绘生产的过程控制及质量保证。所以，测绘合同中须对所采用的技术依据及测绘成果质量检查及验收标准有明确的约定，这是项目技术设计、项目实施及项目验收等的主要参照标准。一般情况下，技术依据及质量标准的确定须在合同签订前由当事人双方协商认定。对于未作约定的情形，应注明按照本行业相关规范及技术规程执行，以避免出现合同漏洞导致不必要的争议。另一个极为重要的内容是约定测绘工作开展及测绘成果的数据基准，包括平面控制基准和高程控制基准。

4. 工程费用及其支付方式

合同中工程费用的计算，首先应注明所采用的国家正式颁布的收费依据或收费标准，然后须全部罗列出本项目涉及的各项收费分类细项，而后根据各细项的收费单价及其估算的工程量得出该细项的工程费用。除直接的工程费用外可能还包括其他费用，都须在费用预算列表中逐一罗列，整个项目的工程总价为各细项费用的总和。

费用的支付方式由甲乙双方参照行业惯例协商确定，一般按照工程进度（或合同执行情况）分阶段支付，包括首付款、项目进行中的阶段性付款及尾款几个部分。视项目规模大小不同，阶段性付款可以为一次或多次。阶段性付款的阶段划分一般由甲乙双方约定，可以按阶段性标志性成果来划分，也可以按照完成工程进度的百分比来划分，具体支付方式及支付额度须由双方协商解决。如《测绘合同示范文本》对工程费用的支付方式描述如下：①自合同签订之日起××日内甲方向乙方支付定金人民币××元，并预付工程预算总价款的××%，人民币××元；②当乙方完成预算工程总量的××%时，甲方向乙方支付预算工程价款的××%，人民币×××元；③当乙方完成预算工程总量的××%时，甲方向乙方支付预算工程价款的××%，人民币×××元；④乙方自工程完工之日起××日内，根据实际工作量编制工程结算书，经甲、乙双方共同审定后，作为工程价款结算依据。自测绘成果验收合格之日起××日内，甲方应根据工程结算结果向乙方全部结清工程价款。

5. 项目实施进度安排

项目进度安排也是合同中的一项重要内容，对项目承接方（测绘单位）实际测绘生产有指导作用，是委托方及监理方监督和评价承接方是否按计划执行项目，及是否达到约定的阶段性目标的重要依据，也是阶段性工程费用结算的重要依据。进度安排应尽可能详细，一般应将拟定完成的工程内容罗列出来，标明每项工作计划完成的具体时间，以及预期的阶段性成果。对工程内容出现时间重叠和交错的情形，应按照完成的工程量进行阶段性分割。概括来说，进度计划必须明确，既要有时间分割标志，也应注明预期所获得的阶段性标志成果，使项目关联的各方都能准确理解及把握，避免产生歧义与分歧。

6. 甲乙双方的义务

测绘项目的完成需要双方共同协作及努力，双方应尽的义务也必须在合同中予以明确陈述。

甲方应尽义务主要包括：①向乙方提交该测绘项目相关的资料；②完成对乙方提交的技术设计书的审定工作；③保证乙方的测绘队伍顺利进入现场工作，并对乙方进场人员的工作、生活提供必要的条件，保证工程款按时到位；④允许乙方内部使用执行本合同所生产的测绘成果等。

乙方的义务主要包括：①根据甲方的有关资料和本合同的技术要求完成技术设计书的编制，并交甲方审定；②组织测绘队伍进场作业；③根据技术设计书要求确保测绘项目如期完成；④允许甲方内部使用乙方为执行本合同所提供的属乙方所有的测绘成果；⑤未经甲方允许，乙方不得将本合同标的全部或部分转包给第三方等内容。

在合同中一般还须对各方拟尽义务的部分条款进行时间约束，以保证限期完成或达到要求，从而保障项目的顺利开展。

7. 提交成果及验收方式

合同中必须对项目完成后拟提交的测绘成果进行详细说明，并逐一罗列出成果名称、种类、技术规格、数量及其他需要说明的内容。成果的验收方式须由双方协商确定，一般情况下，应根据提交成果的不同类别进行分类验收，在存在监理方的情况下，验收工作必须由委托方、项目承接方和项目监理方三方共同来完成成果的质量检查及成果验收工作。

8. 其他内容

除了上述内容外，合同中还须包括下列内容：①对违约责任的明确规定；②对不可抗拒因素的处理方式；③争议的解决方式及办法；④测绘成果的版权归属和保密约定；⑤合同未约定事宜的处理方式及解决办法等。

（二）合同的订立、履行、变更、违约责任

1. 合同的订立

（1）合同订立的概念

合同的订立是指两方以上当事人通过协商而于互相之间建立合同关系的行为。

（2）合同订立的内容

合同的订立又称缔约，是当事人为设立、变更、终止财产权利义务关系而进行协商、达成协议的过程。

测绘合同订立的内容包含项目的规模、工期及质量要求、付款方式、提交的成果、违约责任等详尽内容。

（3）合同订立的过程

①测绘合同的双方（项目委托方与项目承揽方）或多方当事人必须亲临订立现场；②测绘合同的订立双方相互接触，互为意思表示，直到达成协议；③双方当事人之间须以缔约为目的。

（4）合同订立的结果

合同订立过程结束会有两种后果：①双方当事人之间达成合意，即合同成立；②双方当事人之间不能达成合意，即合同不成立。

2. 合同的履行

（1）合同履行的概念

合同的履行，指的是合同规定义务的执行。任何合同规定义务的执行，都是合同的履行行为；相应地，凡是不执行合同规定义务的行为，都是合同的不履行。因此，合同的履行，表现为当事人执行合同义务的行为。当合同义务执行完毕时，合同也就履行完毕。

（2）合同履行的内容

①合同履行是当事人的履约行为。测绘合同双方应严格按照合同约定履行各自的义务，保证合同的严肃性。②履行合同的标准。履行合同，就其本质而言，指合同的全部履行。只有当事人双方按照测绘合同的约定或者法律的规定，全面、正确地完成各自承担的义务，才能使测绘合同债权得以实现，也才使合同法律关系归于消灭。

测绘合同履行主要包括三个方面的内容：项目承揽方按要求完成测绘工作，测绘项目委托单位按时交付项目酬金，合同约定的附加工作和额外测绘工作及其酬金给付。

3. 合同的变更

（1）合同变更的概念

有效成立的测绘合同在尚未履行完毕之前，双方当事人协商一致而使测绘合同内容发生改变，双方签订变更后的测绘合同。测绘合同内容变更包括测绘的范围、测绘的内容、测绘的工程费用、项目的进度、提交的成果等。

（2）测绘合同变更的条件

①原测绘合同关系的有效存在。测绘合同变更是在原测绘合同的基础上，通过当事人双方的协商或者法律的规定改变原测绘合同关系的内容。②当事人双方协商一致，不损害国家及社会公共利益。在协商变更合同的情况下，变更合同的协议必须符合相关法律的有效要件，任何一方不得采取欺诈、胁迫的方式来欺骗或强制他方当事人变更合同。③合同非要素内容发生变更。须有合同内容的变化合同变更仅指合同的内容发生变化，不包括合

同主体的变更，因而合同内容发生变化是合同变更不可或缺的条件。当然，合同变更必须是非实质性内容的变更，变更后的合同关系与原合同关系应当保持同一性。④须遵循法定形式。合同变更必须遵守法定的方式，我国《民法典合同编 第三编 合同》规定：法律、行政法规规定变更合同应当办理批准、登记等手续的，依照其规定。

（3）合同变更的效力

①就合同变更的部分发生债权债务关系消灭的后果。合同变更的实质在于使变更后的合同代替原合同。因此，合同变更后，当事人应按变更后的合同内容履行。②仅对合同未履行部分发生法律效力，即合同变更没有溯及力。合同变更原则上向将来发生效力，未变更的权利义务继续有效，已经履行的债务不因合同的变更而失去合法性。③不影响当事人请求赔偿的权利。合同的变更不影响当事人要求赔偿的权利。原则上，提出变更的一方当事人对对方当事人因合同变更所受损失应负赔偿责任。

4. 合同的违约与责任

（1）合同违约

合同违约指违反合同债务的行为，也称为合同债务不履行。合同债务，既包括当事人在合同中约定的义务，又包括法律直接规定的义务，还包括根据法律原则和精神的要求，当事人所必须遵守的义务。仅指违反合同债务这一客观事实，不包括当事人及有关第三人的主观过错。

在测绘合同履行过程中，双方都可能不同程度地出现违约行为，多数比较轻微的违约行为对方可以谅解，严重违约主要有以下三种表现：①项目委托方不按合同约定及时支付工程款；②增加额外工作量或变更技术设计的主要条款造成工作量增加而不增加费用；③不能在合同约定时间提交成果或提交的成果质量不符合要求。

（2）合同违约责任

除了合同违约免责条件与条款之外的违约行为，可按合同约定进行正常的索赔。

目前的测绘市场中合同违约的解决方式也存在一些不正常的现象，如不通过合同约定进行正常索赔，而是游离于合同之外进行利益较量，致使工程质量和进度难于保证。

（三）成本预算

测绘单位取得与甲方签订的测绘合同后，财务部门根据合同规定的指标、项目施工技术设计书、测绘生产定额、测绘单位的承包经济责任制及有关的财务会计资料等编制测绘项目成本预算。测绘项目成本预算一般分为两种情况：如果项目是生产承包制，其成本预算由生产成本预算和应承担的期间费用预算组成；如果项目是生产经营承包制，其成本预算由生产成本预算、应承担承包部门费用预算和应承担的期间费用预算组成。

1. 成本预算的依据

根据测绘单位的具体情况，其成本管理可分为三个层次：为适应测绘项目生产承包制的要求，第一层次管理的成本就是测绘项目的直接生产费用，包括直接工资、直接材料、折旧费及生产人员的交通差旅费等，这一层次的项目成本合计数应等于该项目生产承包的结算金额。为适应测绘项目生产经营承包制的要求，第二层次管理的成本不仅包括测绘项目的直接生产费用，还包括可直接记入项目的相关费用和按规定的标准分配记入项目的承包部门费用。可直接记入项目的相关费用包括项目联系、结算、收款等销售费用、项目检查验收费用、按工资基数计提的福利费、工会经费、职工教育经费、住房公积金、养老保险金等。分配记入项目的承包部门费用包括承包部门开支的各项费用及根据承包责任制应上交的各项费用。为了正确反映测绘项目的投入产出效果，及全面有效地控制测绘项目成本，第三层次管理的成本包括测绘项目应承担的完全成本，它要求采用完全成本法进行管理。鉴于会计制度规定采用制造成本法进行成本核算，可在会计核算的成本报表中加入两栏，将可直接记入项目的期间费用和分配记入项目的期间费用，以全面反映和控制测绘项目成本。

2. 成本预算的内容

如前所述，成本预算除了直接的项目实施工程费用外，还包括多项其他的内容（如员工他项费用及机构运作成本等）。成本预算方式也包括多种形式，其具体采用的方式依赖于所在单位的机构组织模式、分配机制和相关的会计制度等。总的来说，成本预算的主要内容包括以下两部分。

（1）生产成本

生产成本即直接用于完成特定项目所需的直接费用，主要包括直接人工费、直接材料费、交通差旅费、折旧费等，实行项目承包（或费用包干）的情形则只须计算直接承包费用和折旧费等内容。

（2）经营成本

除去直接的生产成本外，成本预算还应包含维持测绘单位正常运作的各种费用分配，主要包括两大类：①员工福利及他项费用，包括按工资基数计提的福利费、职工教育经费、住房公积金、养老保险金、失业保险等分配记入项目的部分；②机构运营费用，包括业务往来费用、办公费用、仪器购置、维护及更新费用、工会经费、社团活动费用、质量及安全控制成本、基础设施建设等反映测绘单位正常运作的费用分配记入项目的部分。

3. 成本预算的注意事项

成本预算具体操作须视情况而定。如前所述，它和单位的组织形式、用工方式和会计制度都有直接关系。当然，严格的、合理的项目成本预算有利于调动测绘人员的积极性，同时能最大限度地降低成本，创造相应效益。

三、FIDIC 合同条件

（一）FIDIC 简介

FIDIC 是“国际咨询工程师联合会”的缩写。该组织在每个国家或地区只吸收一个独立的咨询工程师协会作为团体会员，至今已有 60 多个国家，因此它是国际上最具有权威性的咨询工程师组织。我国已于 20 世纪 90 年代中期正式加入 FIDIC 组织。

为了规范国际工程咨询和承包活动，FIDIC 先后发表过很多重要的管理性文件和标准化的合同文件范本。目前作为惯例已成为国际工程界公认的标准化合同格式有适用于工程咨询的《业主-咨询工程师标准服务协议书》，适用于施工承包的《土木工程施工合同条件》《电气与机械工程合同条件》《设计-建造与交钥匙合同条件》和《土木工程分包合同条件》。20 世纪末期，FIDIC 又出版了新的《施工合同条件》《工程设备与设计-建造合同条件》《EPC 交钥匙合同条件》及《合同简短格式》。这些合同文件不仅被 FIDIC 成员国广泛采用，而且世界银行、亚洲开发银行、非洲开发银行等金融机构也要求在其贷款建设的土木工程项目实施过程中使用以该文本为基础编制的合同条件。

这些合同条件的文本不仅适用于国际工程，而且稍加修改后同样适用于国内工程，我国有关部委编制的适用于大型工程施工的标准化范本都以 FIDIC 编制的合同条件为蓝本。

1. 土木工程施工合同条件

《土木工程施工合同条件》是 FIDIC 最早编制的合同文本，也是其他几个合同条件的基础。该文本适用于业主（或业主委托第三人）提供设计的工程施工承包，以单价合同为基础（也允许其中部分工作以总价合同承包），广泛用于土木建筑工程施工、安装承包的标准化合同格式。土木工程施工合同条件的主要特点表现为，条款中责任的约定以招标选择承包商为前提，合同履行过程中建立以工程师为核心的管理模式。

2. 电气与机械工程合同条件

《电气与机械工程合同条件》适用于大型工程的设备提供和施工安装，承包工作范围包括设备的制造、运送、安装和保修几个阶段。这个合同条件是在土木工程施工合同条件基础上编制的，针对相同情况制定的条款完全照抄土木工程施工合同条件的规定。与土木工程施工合同条件的区别主要表现为：一是该合同涉及的不确定风险的因素较少，但实施阶段管理程序较为复杂，因此条目少、款数多；二是支付管理程序与责任划分基于总价合同。这个合同条件一般适用于大型项目中的安装工程。

3. 设计-建造与交钥匙合同条件

FIDIC 编制的《设计-建造与交钥匙工程合同条件》是适用于总承包的合同文本，承包工作内容包括设计、设备采购、施工、物资供应、安装、调试、保修。这种承包模式可以减少设计与施工之间的脱节或矛盾，而且有利于节约投资。该合同文本是基于不可调价的总价承包编制的合同条件。土建施工和设备安装部分的责任，基本上套用土木工程施工合同条件和电气与机械工程合同条件的相关约定。交钥匙合同条件既可以用于单一合同施工的项目，也可以用于作为多合同项目中的一个合同，如承包商负责提供各项设备、单项构筑物或整套设施的承包。

4. 土木工程施工分包合同条件

FIDIC 编制的《土木工程施工分包合同条件》是与《土木工程施工合同条件》配套使用的分包合同文本。分包合同条件可用于承包商与其选定的分包商，或与业主选择的指定分包商签订的合同。分包合同条件的特点是，既要保持与主合同条件中分包工程部分规定的权利义务约定一致，又要区分负责实施分包工作当事人改变后两个合同之间的差异。

FIDIC 出版的所有合同文本结构，都是以通用条件、专用条件和其他标准化文件的格式编制。

（1）通用条件

所谓“通用”，其含义是工程建设项目不论属于哪个行业，也不管处于何地，只要是土木工程类的施工均可适用。条款内容涉及：合同履行过程中业主和承包商各方的权利与义务，工程师（交钥匙合同中为业主代表）的权力和职责，各种可能预见到事件发生后的责任界限，合同正常履行过程中各方应遵循的工作程序，以及因意外事件而使合同被迫解除时各方应遵循的工作准则等。

（2）专用条件

专用条件是相对于“通用”而言，要根据准备实施的项目的工程专业特点，以及工程所在地的政治、经济、法律、自然条件等地域特点，针对通用条件中条款的规定加以具体化。可以对通用条件中的规定进行相应补充完善、修订或取代其中的某些内容，以及增补通用条件中没有规定的条款。专用条件中条款序号应与通用条件中要说明条款的序号对应，通用条件和专用条件内相同序号的条款共同构成对某一问题的约定责任。如果通用条件内的某一条款内容完备、适用，专用条件内可不再重复列此条款。

(3) 标准化的文件格式

FIDIC 编制的标准化合同文本，除了通用条件和专用条件以外，还包括有标准化的投标书（及附录）和协议书的格式文件。投标书的格式文件只有一页内容，是投标人愿意遵守招标文件规定的承诺表示。投标人只须填写投标报价并签字后，即可与其他材料一起构成有法律效力的投标文件。投标书附件列出了通用条件和专用条件内涉及工期和费用内容的明确数值，与专用条件中的条款序号和具体要求相一致，以使承包商在投标时予以考虑。这些数据经承包商填写并签字确认后，在合同履行过程中作为双方遵照执行的依据。

协议书是业主与中标承包商签订施工承包合同的标准化格式文件，双方只要在空格内填入相应内容，并签字盖章后合同即可生效。

（二）FIDIC 合同条件的主要内容

1. 合同的法律基础、合同语言和合同文件

(1) 合同的法律基础

投标函附录中必须明确规定合同受哪个国家或其他管辖区域的管辖法律的制约。

(2) 合同语言

如果合同文本采用一种以上的语言编写，由此形成了不同的版本，则以投标函附录中规定的主导语言编写的版本为准。

工程中的往来信函应使用投标附录规定的“通信联络的语言”。工程师助理、承包商的代表及其委托人必须能够流利地使用“通信联络的语言”进行日常交流。

(3) 合同文件

构成合同的各个文件应能相互解释，相互说明。当合同文件中出现含混或矛盾之处时，由工程师负责解释。构成合同的各文件的优先次序为：①合同协议书；②中标函；③投标函；④专用条件；⑤通用条件；⑥规范；⑦图纸；⑧资料表以及其他构成合同一部分的文件。

2. 合同类型

①FIDIC 施工合同是业主与承包商签订的施工承包合同，它适用于业主设计的房屋建筑或工程，也可由承包商承担部分永久工程的设计；②FIDIC 施工合同条件实行以工程师为核心的管理模式，承包商只应从工程师处接受有关指令，业主不能直接指挥承包商；③从合同计价方法角度，FIDIC 施工合同条件属于单价合同，但在增加了“工程款支付表”后，使 FIDIC 施工合同条件同样适用于总价合同。

FIDIC 施工合同条件中主要包括了业主的责任和权力、承包商的责任和权力、合同价

格及支付等内容。

（三）FIDIC 中工程师的主要职责

①工程师是由业主选定的在投标函附录中指明为工程师的人员。工程师可行使合同中明确规定的或必然隐含的赋予他的权力，承包商仅从工程师或其授权的助理处接受指令。但如果要求工程师在行使某项权力前须经业主批准，则必须在 FIDIC 合同专用条件中注明。但工程师不属于施工合同的任何一方，工程师在行使自己的权力，处理问题的时候必须公正地行事。②工程师负责解释合同中的含混和矛盾之处，并做出相应的澄清或指令。③如果由于非承包商的责任，工程师未能在一合理时间内向承包商颁发图纸、指令，则应给承包商工期和费用补偿。④工程师为确保承包商遵守合同，可合理要求承包商透露其保密事项。⑤当按合同规定应给予承包商工期延长和费用补偿，或应给予业主缺陷通知工期的延长和费用赔偿时，由工程师决定时间的延长量和费用的补（赔）偿量。但在做出决定前，工程师应与各方协商，并于决定做出后及时通知业主和承包商。⑥工程师无权解除业主或承包商任何一方的合同责任，这意味着：工程师无权超越合同范围给任何一方免责；工程师行使任何权力不能解除当事人依据合同应负有的责任。例如，对隐蔽工程，虽然工程师已检查并签字，但如果隐蔽工程出现质量问题，仍应由承包商负责。⑦工程师可以书面任命助理，将他的一部分职责和权力委托给助理，但不得将他对任何事项的决定权委托给助理。⑧工程师可以在任何时候根据合同向承包商发出指令，该指令应尽量是书面的。如果工程师发出的是口头指令，则承包商应在指令发出的 2 天内向工程师要求书面确认，而工程师在 2 天内未以书面形式否认，则此项指令成为工程师的书面指令。⑨工程师有权了解承包商为实施工程所采用的方法及安排。未经工程师同意，承包商不得修改此类方法及安排。对于由承包商负责设计的部分永久工程，工程师负责审批承包商的设计文件；在工程竣工检验之前，工程师负责审批承包商提交的竣工文件和操作维修手册。⑩承包商代表的任命或撤换，以及对承包商代表委托授权的人员的任命或撤换，都必须征得工程师的同意。工程师可以要求承包商撤换他认为有下列行为的承包商的人员：经常行为不轨或不认真；履行职责时不能胜任或玩忽职守；不遵守合同的规定；经常出现有损健康与安全或有损环境保护的行为。⑪工程师有权批准承包商拟雇用的分包商，但承包商的材料供应商和合同条件中注明的分包商是工程师的事先同意。⑫工程师有权对承包商的质量保证体系进行审查。⑬当承包商遇到不可预见的外界条件时应通知工程师，工程师进行审查，以确定这些外界条件是否是承包商不可预见的，以及对工期和费用有多大的影响。⑭未经工程师同意，承包商已运至现场的设备中的主要部分不得移出现场。⑮对承包商为工程之目的

所使用的现场供应的电、水、气及其他设施，以及按照合同规定使用业主的设备，由工程师决定其消耗的数量和应付的款额。⑯工程师有权批准承包商的进度计划，或要求承包商修改进度计划。当实际进度落后于计划进度或无法按期竣工时，工程师可以要求承包商修改进度计划并说明赶工方法。工程师每月审查承包商的进度报告。⑰工程师的检查权：工程师有权在一切合理的时间进入现场和获得自然材料的场所；有权在材料、永久设备、工艺的生产过程中进行检验，要求承包商提交有关材料样品；在永久设备、材料、工艺覆盖或包装之前，承包商应及时通知工程师，工程师应立即检查或通知承包商无须检查；工程师应与承包商商定对永久设备、材料、工程检验的时间和地点。工程师可以变更规定检验的位置或细节。如果工程师未在商定的时间和地点参加检验，则承包商的检验结果应被视为是工程师在场情况下做出的；经过检验，对任何不符合合同规定的永久设备、材料或工艺，工程师有权拒收。当工程师再度对这类永久设备、材料或工艺检验时，由承包商支付费用。⑱工程师有权随时指令承包商：将工程师认为不符合合同规定的永久设备或材料从现场移走，并进行替换；把不符合合同规定的任何工程移走，并重建；实施因保护工程安全而急需的工作。⑲工程师可随时指令承包商暂停部分或全部工程。⑳工程师有权要求承包商在其指导下调查产生缺陷的原因。㉑工程师变更工程的权力：工程变更方式。在工程接受证书颁发前的任何时间，工程师有权通过如下两种方式提出变更：发布指令；要求承包商递交一份变更建议书（价值工程）。未经工程师同意或发出指令，承包商不得变更工程；变更的内容：对合同中任何工作的工程量的改变；任何工作质量或其他特性上的改变。工程任何部分标高、位置和尺寸上的改变。省略任何工作，除非它已被他人完成。永久工程所必需的任何附加工作，包括任何联合竣工检验、钻孔、其他检验以及勘察工作。工程的实施顺序或时间安排的改变；变更的估价。工程师有权确定每项工作的费率或价格，共分三种情况：合同中有同类工作，则采用同类工作已确定的费率或价格。合同中有类似工作，则采用类似工作已确定的费率或价格。合同中既无同类工作也没有类似工作，或者对于不是合同规定的“固定费率项目”，其实际工程量比预计工程量变动大于10%，并且涉及的合同款额达到一定比例时，由工程师确定这类工作的费率或价格；工程师有权决定每笔暂定金额的部分或全部使用；对于数量少或偶然进行的零散工作，工程师可以确定在计日工的基础上实施变更。㉒工程师应按合同规定及时向承包商签发各种付款证书。例如，预付款支付证书、期中支付证书、保留金支付证书、最终支付证书等。

参考文献

[1] 李希文，李智奇. 电子测量技术及应用 [M]. 西安：西安电子科技大学出版社，2018.

[2] 赵华，吕清，刘亚川. 电子测量技术及仪器 [M]. 北京：北京邮电大学出版社，2018.

[3] 徐杰. 电子测量技术与应用：第 2 版 [M]. 哈尔滨：哈尔滨工业大学出版社，2018.

[4] 冯翠芹，宋富林. 测量技术基础 [M]. 东营：中国石油大学出版社，2018.

[5] 孙虎，桑丹，杜祝遥. 工程测量技术 [M]. 武汉：华中科技大学出版社，2018.

[6] 张树民. 建筑工程测量技术 [M]. 哈尔滨：黑龙江大学出版社，2018.

[7] 熊立珍，罗勇. 机械测量技术 [M]. 石家庄：河北科学技术出版社，2018.

[8] 温婉丽，郭啸晨，贾海宗. 现代测量技术的研究与应用 [M]. 北京：北京工业大学出版社，2018.

[9] 赵金生. 工程测量及其新技术的应用研究 [M]. 北京：中国大地出版社，2018.

[10] 贾丹平，姚丽，赵亚威. 电子测量技术 [M]. 北京：清华大学出版社，2018.

[11] 张一凡. 工程测量技术研究 [M]. 北京：中国原子能出版社，2019.

[12] 缪朝东，陈莉娟. 机械测量与测绘技术：第 2 版 [M]. 北京：北京理工大学出版社，2019.

[13] 林占江，林放. 电子测量技术：第 4 版 [M]. 北京：电子工业出版社，2019.

[14] 王玥玥，徐洁. 电子测量技术与应用项目 [M]. 大连：大连理工大学出版社，2019.

[15] 孔令惠. 测绘工程管理 [M]. 郑州：黄河水利出版社，2019.

[16] 郝亚东. 测绘工程管理 [M]. 北京：测绘出版社，2019.

[17] 张逸仙，杨正春，李良琦. 水利水电测绘与工程管理 [M]. 北京：兵器工业出版社，2019.

[18] 易树柏. 测绘法律与测绘管理基础 [M]. 武汉：武汉大学出版社，2019.

[19] 段延松. 无人机测绘生产 [M]. 武汉：武汉大学出版社，2019.
[20] 杨德麟. 测绘地理信息原理、方法及应用 [M]. 北京：测绘出版社，2019.
[21] 黄国芳，张绍景，沐巧芬. 水利工程测绘与工程管理 [M]. 北京：中国建材工业出版社，2020.
[22] 张守伟，赵飞，韩红花. 测绘工程项目管理理论与实践 [M]. 天津：天津科学技术出版社，2020.
[23] 王冬梅. 无人机测绘技术 [M]. 武汉：武汉大学出版社，2020.
[24] 余培杰，刘延伦，翟银凤. 现代土木工程测绘技术分析研究 [M]. 长春：吉林科学技术出版社，2020.
[25] 张正禄. 工程测量学：第 3 版 [M]. 武汉：武汉大学出版社，2020.
[26] 魏斌，赵金云. 工程测量 [M]. 北京：北京理工大学出版社，2020.
[27] 王鹏，付鲁华，孙长库. 激光测量技术 [M]. 北京：机械工业出版社，2020.
[28] 牛志宏，陈志兰. GPS 测量技术 [M]. 郑州：黄河水利出版社，2020.
[29] 潘松庆，魏福生. 测量技术基础实训 [M]. 郑州：黄河水利出版社，2020.
[30] 金明，张春艳. 电子测量技术 [M]. 北京：高等教育出版社，2020.
[31] 李娜. GNSS 测量技术 [M]. 武汉：武汉大学出版社，2020.
[32] 顾洪波，郝志翔，周增强. 建筑工程施工与测量技术 [M]. 长春：吉林科学技术出版社，2020.